# essentials

Frank Ulrich Rückert · Michael Sauer

# Die Erstellung eines digitalen Zwillings

Eine Einführung in Simcenter Amesim

 Springer Vieweg

Frank Ulrich Rückert
Fakultät für Wirtschaftswissenschaften
Hochschule für Technik und Wirtschaft
des Saarlandes
Saarbrücken, Deutschland

Michael Sauer
Fakultät für Ingenieurwissenschaften
Hochschule für Technik und Wirtschaft
des Saarlandes
Saarbrücken, Deutschland

ISSN 2197-6708         ISSN 2197-6716  (electronic)
essentials
ISBN 978-3-658-33406-2       ISBN 978-3-658-33407-9  (eBook)
https://doi.org/10.1007/978-3-658-33407-9

Die Deutsche Nationalbibliothek verzeichnet diese Publikation in der Deutschen Nationalbibliografie; detaillierte bibliografische Daten sind im Internet über http://dnb.d-nb.de abrufbar.

Planung/Lektorat: Alexander Grün
Springer Vieweg ist ein Imprint der eingetragenen Gesellschaft Springer Fachmedien Wiesbaden GmbH und ist ein Teil von Springer Nature.
Die Anschrift der Gesellschaft ist: Abraham-Lincoln-Str. 46, 65189 Wiesbaden, Germany

# Was Sie in diesem *essential* finden können

- Digitale Zwillinge sind zurzeit in aller Munde. Aber was ist überhaupt ein sogenannter digitaler Zwilling? Und vor allem, wie kann der Leser so einen Zwilling möglichst schnell selbst erzeugen?
- Wir wollen sie nicht mit dem Lösen komplizierter, mathematischer Gleichungssysteme aufhalten. Sie lernen innerhalb weniger Minuten, auf was sie achten müssen, um selbst eigene digitale Zwillinge zu erstellen.
- Ein digitaler Zwilling muss nicht die gesamte Realität abbilden, oft sind nur kleine Teilbereiche wichtig. Wir unterteilen die einzelnen Kapitel dieses Buches nach den technischen Themengebieten für die wir unsere Zwillinge erstellen wollen. Das sind zum einen mechanische und thermische Zwillinge sowie hydraulische und pneumatische Zwillinge.
- Wenn Sie verstanden haben, was ein digitaler Zwilling ist und wofür man ihn gebrauchen kann, lernen sie anhand der einfachen mathematischen Gleichung $1 + 2 = 3$, wie sie dafür einen ersten eignen Taschenrechner in *Simcenter Amesim* erstellen können.
- Sie lernen das Programm *Simcenter Amesim* kennen und bekommen ausführlich erklärt, wie sie damit arbeiten können. Das Programm ist in einer kostenfreien Version im Internet verfügbar und kann nach einer problemfreien Installation schnell genutzt werden.
- In jedem Kapitel sind verschiedene Beispiel für digitale Zwillinge aus unterschiedlichen, technischen Bereichen ausführlich beschrieben. Die Anleitungen sollen zum Nachdenken und Nachbauen anregen. Wir geben Simulationsergebnisse zur Selbstkontrolle an. Weiter sind Arbeitsvorschläge enthalten, die sie mit ihrem neu erstellten Zwilling nachstellen können. So wird der Umgang mit dem Zwilling geschult.

- Uns ist bewusst, dass wir spannende Themen wie die Biologie, Elektrotechnik, Energiespeicherung oder Thermodynamik hier außen vorlassen. Dieses geschieht mit dem Hintergedanken, dass wir diesen Themengebieten weiterführende Bände widmen wollen.

# Vorwort

*„Zwar werde ich meine Gedanken zu Papier bringen, aber das ist ein unzulängliches Medium ...";*

*Mary Shelley*[1]

Vor etwas mehr als 200 Jahren veröffentlichte die englische Schriftstellerin Mary Shelley ihren wohl bekanntesten Roman *„Frankenstein oder Der moderne Prometheus"* (1818), der heute zu einem der bekanntesten Werke der Literaturgeschichte zählt. Sie war damals mit ihren 21 Jahren im gleichen Alter wie unsere heutigen Studentinnen und Studenten. Auch wenn die verfügbare Rechentechnik in der damaligen Zeit wesentlich hinter der heutigen zurücklag und auf eine Digitalisierung weitestgehend noch verzichtet werden musste, zeigt sich doch in dem Erfolg des Erstlingswerks der jungen Autorin, welche Faszination die Erstellung und das *„Herumspielen"* mit einem künstlichen Zwilling bereiten kann.

Unser Buch richtete sich zwar formal an Studierende der Wirtschaftswissenschaften, Naturwissenschaften, Ingenieurwissenschaft oder der Informationstechnologien, ist aber von der Sprache her bewusst für jedermann verständlich gehalten.

Gerade auch für Schülerinnen und Schüler kann der frühe Umgang mit einer kostenfreien, leicht verständlichen Simulationsumgebung schon in der Schule den Physikunterricht bereichern und wesentlich zum Verständnis der physikalischen Zusammenhänge beitragen. Wir bekommen immer wieder das Feedback, dass gerade fachfremde Nutzer kreative, neue Möglichkeiten für den Einsatz von digitalen Zwillingen finden.

---

[1] Mary Shelley *Frankenstein oder Der moderne Prometheus*; (1818)

Es bleibt zu hoffen, dass der Leser genauso viel Spaß beim Lesen dieses Buches und dem Aufziehen der digitalen Zwillinge hat, wie wir beim Zusammenstellen der Beispiele. Ohne das er sich dabei mit antiquierten und unnötigen, mathematischen Formalismen und Spitzfindigkeiten herumquälen muss. Am Ende zählt doch, dass wir uns die Mathematik als Hilfswissenschaft zunutze machen, um mit unseren Zwillingen nachhaltige Produkte zu entwickeln, die dem Menschen helfen sollen.

Abschließend kann gesagt werden, dass ein Autor dieses Buches nicht nur über eine langjährige Erfahrung beim Erstellen von künstlichen, digitalen Zwillingen in der Industrie und Forschung verfügt, sondern dass er darüber hinaus auch lange Jahre mit der Aufzucht seiner eigenen biologischen Zwillingsbrüder verbracht hat und sich hierbei hoffentlich einige didaktische Kniffe und Methoden aneignen konnte.

Dieses Buch ist unseren Familien gewidmet, die uns ihre Zeit zum Erstellen geopfert haben. Unser Dank gilt auch den langjährigen Weggefährten Stephan Wursthorn und Sibel Yilmaz von der Robert Bosch GmbH. Bei einer Tasse Kaffee oder Tee haben wir viele gemeinsame Stunden mit *Amesim* verbracht. Außerdem danken wir unseren treuen, studentischen Hilfskräften Tim Breuer und Philipp Spindler, die für uns viele digitale Zwillinge erzeugt haben.

Saarbrücken                                                                          Frank Rückert
den 01. Dezember 2020                                                     Michael Sauer

# Inhaltsverzeichnis

# Einleitung

1

Wie im Vorwort bereits beschrieben, liegt die Faszination neben dem handwerklichen *Erstellen* des digitalen Zwillings auch darin, welche Möglichkeiten sich daraus ergeben, wenn man mit ihm etwas *„Herumspielen"* und *„Ausprobieren"* kann. Mit einem digitalen Zwilling können technische, physikalische oder biologische Komponente schon lange vor dem eigentlichen Einsatz getestet werden. Es kann untersucht werden, wie sie funktionieren und sich verhalten. Dazu muss der digitale Zwilling bestimmte Eigenschaften seines realen Vorbildes abbilden. Wie in der Abb. 1.1 dargestellt, ist der digitale Zwilling dann auch lediglich ein Abbild oder eine Kopie seines realen Gegenparts.

Je früher der Ingenieur im Entwicklungsprozess die Möglichkeit hat, quantitative Aussagen zur Funktion einer Komponente im System zu treffen, umso effektiver kann ein nachfolgender Konstruktions- oder Entwicklungsprozess gestaltet werden. Der digitale Zwilling ist das Abbild seines realen Gegenparts und stellt im Entwicklungsprozess den ersten Schritt dar.

Wir haben die Erfahrung gemacht, dass es einen Unterschied zwischen dem *Erstellen* und dem *Benutzen* eines digitalen Zwillings gibt. Auch wenn zum Erstellen des Zwillings ein Experte notwendig ist, welcher den abzubildenden Vorgang sehr genau kennen muss, so braucht der *Benutzer* des digitalen Zwillings nicht alles genau verstanden zu haben um mit dem Zwilling zu arbeiten. Wir verwenden hier gerne das Beispiel von dem Lichtschalter. Man braucht nicht zu verstehen wie er funktioniert um ihn zu benutzen. Die Lücke zwischen dem *Erstellen* und dem *Benutzen* soll von diesem Buch geschlossen werden.

© Der/die Autor(en), exklusiv lizenziert durch Springer Fachmedien Wiesbaden GmbH, ein Teil von Springer Nature 2021
F. U. Rückert und M. Sauer, *Die Erstellung eines digitalen Zwillings,*
essentials, https://doi.org/10.1007/978-3-658-33407-9_1

realer Zwilling                    digitaler Zwilling

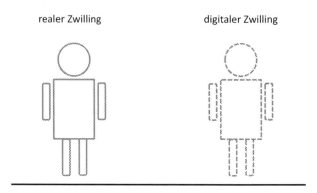

**Abb. 1.1**  Der digitale Zwilling ist das Abbild seines realen Gegenparts

Wie aktuell das Thema ist und dass sich ganz schnell Bezüge vom *Prometheus* zur Jetztzeit herstellen lassen, zeigt sich in unterschiedlichsten Bereichen der Produktentwicklung. Das Thema der Nachhaltigkeit beinhaltet heute auch das Verhalten eines Produktes über seinen Lebenszyklus. Wie in Abb. 1.2 dargestellt bedeutet dieses, dass der digitale Zwilling uns lediglich eine Aussagen liefern kann, wie ein technisches Produkt in seinen unterschiedlichen Lebensphasen arbeitet und funktioniert.

Bei der Erstellung des digitalen Zwillings ist darauf zu achten, dass das Original selbstverständlich nicht vollständig abgebildet werden kann. Vielmehr sollen bestimmte Eigenschaften isoliert, also in digitaler Form reproduziert werden. Was versteht man darunter?

Bei einem Menschen könnte man beispielsweise nur die Blutgefäße digital abbilden und somit eine Art **hydraulischen Zwilling** erschaffen. Aussagen zum Knochenbau bliebe ein solcher Zwilling schuldig. Das Original kann also verschiedene digitale Zwillingsbrüder haben, welche nur teilweise die physikalischen oder geometrischen Eigenschaften ihres realen Zwillings wiederspiegeln.

Um die Statik der Knochen eines Menschen abbilden zu können, würde man einen **mechanischen Zwilling** generieren müssen. Ein **thermischer Zwilling** könnte beispielsweise Aussagen zulassen, ob der Proband an Fieber leidet oder wie schnell er im Winter auskühlt, nicht aber ob eine Fraktur am Oberschenkel vorliegt. Der **pneumatische Zwilling** könnte beispielsweise Rückschlüsse über die Lungenfunktion oder zu Bewegungen anderer kompressibler Fluide im Körper liefern. Für das Nervensystem des Menschen steht eine sogenannte **Signaldatenbank** zur Verfügung.

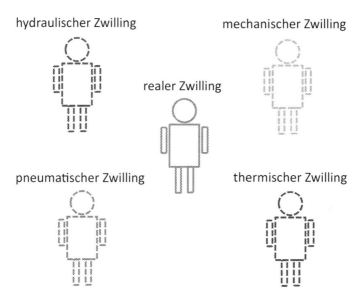

**Abb. 1.2** Das Original kann verschiedene digitale Zwillingsbrüder haben – sie besitzen unterschiedliche Eigenschaften

Um die Arbeitsweise mit *Simcenter Amesim* genau zu erklären, wollen wir im nachfolgenden Kapitel zuerst damit beginnen, mit der Signaldatenbank einen einfachen Taschenrechner nachzubauen.

## 1.1 Das Programm *Simcenter Amesim*

Zur Erstellung des digitalen Zwillings wird mit dem Simulationsprogramm *Simcenter Amesim* eine integrierte Simulationsplattform für die multidisziplinäre Systemsimulation in unterschiedlichen Innovationsstadien und Lebensphasen bereitgestellt.

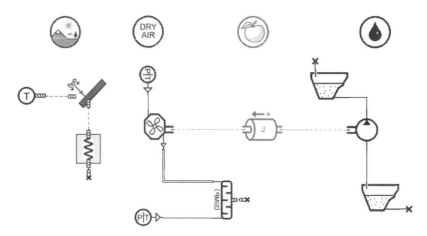

**Abb. 1.3** Digitaler Zwilling einer Fluidenergiemaschine – Kombination von Propeller, mechanischer Reibung und Pumpe, sowie ein zusätzlicher Sonnenkollektor

Wir wollen – *wie von Frau Shelley beschrieben* – unseren Leserinnen und Lesern die Möglichkeit zum einfachen Einstieg in das Thema bieten. Die Firma SIEMENS hat sich entschieden ihr Entwicklungswerkzeug *Simcenter Amesim* kostenfrei zur Verfügung zu stellen. Sie hat hiermit eine wunderbare Möglichkeit geschaffen, digitale Zwillinge als Vorstufe der Konstruktion eines Bauteils mit wenig Aufwand selbst zu erstellen[1].

Pfade für Software können sich ändern und Bücher sind meist beständiger als Webseiten im Internet. Deshalb kann es sein, dass der von uns angegeben Pfad nicht mehr korrekt ist. Versuchen sie in diesem Fall am besten über eine gängige Suchmaschine die beschriebene Software ausfindig zu machen.

Das Programm wird im Folgende auch einfach als *Amesim* bezeichnet. Es kann von Hochschulangehörigen, Studentinnen und Studenten gebührenfrei genutzt werden. Eine Integration in den Lehrbetrieb und eine Förderung des akademischen Nachwuchses wird somit erleichtert. Sobald *Amesim* kommerziell genutzt werden soll, muss eine Lizenz käuflich erworben werden.

In der Abbildung ist beispielhaft der digitale Zwilling für eine Fluidenergiemaschine dargestellt, welche zunächst als pneumatischer Zwilling verstanden werden kann. In Abb. 1.3 wird veranschaulicht, dass sich Komponenten aus unterschiedlichen Themenbereichen miteinander kombinieren lassen und somit zu komplexen,

---

[1] *siehe:* https://www.plm.automation.siemens.com/de/products/lms/imagine-lab/amesim/.

cyber-physischen Systemen aufgebaut werden können. Somit kann der digitale Zwilling dann auch **thermische, pneumatische, mechanische** sowie **hydraulische Komponenten** enthalten. Es wird möglich, dass Verhalten von unserem Beispiel einer Fluidenergiemaschine über einen Zeitverlauf zu untersuchen. Das Ziel ist es, eine virtuelle Untersuchung im isolierten Raum damit durchführen zu können.

Wie bereits beschrieben, sind zur Erstellung der Zwillinge hier kein Programmierkenntnisse notwendig, auch mit mathematischen Spitzfindigkeiten wollen wir uns nicht lange aufhalten. Die Mathematik soll sich ja als Hilfswissenschaft dem Entwicklungsprozess unterordnen und nicht zum Selbstzweck betrieben werden. Wir wollen möglichst schnell Ergebnisse erzielen. Die in der Abb. 1.4 dargestellte Benutzeroberfläche wird zum Großteil graphisch mit der Maus bedient.

Hier ist die grafische Programmoberfläche von *Simcenter Amesim* mit dem digitalen Zwilling eines springenden Balles dargestellt. Das Programm bietet eine aufgeräumte Oberfläche, welche zunächst in eine Arbeitsfläche, sowie unterschiedliche Bibliotheksfenster untergliedert ist. Auf dieser Arbeitsfläche können aus den Bibliotheken unterschiedliche Komponenten mit der Maus gezogen und im sogenannten *Sketch mode* miteinander verbunden werden. Im Anschluss daran

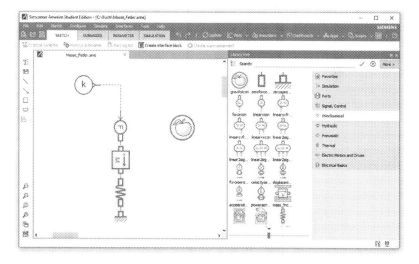

**Abb. 1.4** Die graphische Benutzeroberfläche von *Simcenter Amesim* macht einen aufgeräumten Eindruck

wird der Zeitraum festgelegt, über den hinweg man den digitalen Zwilling in
einem virtuellen Labor beobachten möchte.

Die Erstellung des physikalischen Modells wird in der Plattform durch zahl-
reiche gut dokumentierte Beispiele erleichtert. Auch eine sehr umfangreich
illustrierte Dokumentation der theoretischen Grundlagen wird bereitgestellt.

## 1.2    Die Verwendung von 3D Geometrien

Um eine plastischere Vorstellung des digitalen Zwillings zu bekommen und
einen Diskurs während des Innovationsprozesses führen zu können, lässt sich der
Zwilling in *Simcenter Amesim* auch dreidimensional visualisieren.

Auf Basis des digitalen Zwillings lassen sich 3D Geometrien generieren, um
die dynamischen Simulationsergebnisse besser verstehen zu können und ihr Verhalten zu testen. Wir bezeichnen dieses als *Computer Aided Engineering* (CAE),
also als vom Computer unterstütztes Entwickeln. Der Konstrukteur bekommt die
Möglichkeit, in Echtzeit Untersuchungen an dem digitalen Zwilling durchzuführen und die Theorie somit direkt auf die jeweilige Konstruktion anzuwenden und
zu hinterfragen wie gut sie funktioniert. Theoretisches Wissen wird durch solche virtuellen Trockenübungen vertieft und verschiedene Anwendungsszenarien
können selbstständig durchgespielt werden.

Wir wollen den digitalen Zwilling eines Fahrwerks mit hydraulischem Dämpfungssystem beim Überqueren eines Hindernisses untersuchen. Die 3D Geometrie
wurde dabei von dem Konstrukteur erzeugt. Wie sich das Fahrzeug verhält, wie
die Stoßdämpfer funktionieren oder welche Kräfte auf das Fahrwerk wirken, wird
dann wiederum von dem Programm *Amesim* berechnet. Es besteht also die Möglichkeit, die virtuelle Geometrie von dem Fahrwerk unter realen Bedingungen zu
testen und schon im Vorfeld zu untersuchen, wie dieses funktioniert.

Die Abb. 1.5 zeigt den zuvor erstellten Zwilling eines Transporter-Fahrgestells
bei der Überquerung eines Hindernisses. Der Transporter verfügt über eine
Antriebseinheit sowie ein hydraulisches Dämpfungssystem. Er bekommt hier die
Aufgabe eine Steinplatte zu überqueren. Entsprechend seiner hydraulischen Fede-
rung und dem pneumatischen Modell der Reifen gelingt ihm dies und er kann
selbständig von der einen Seite der Platte zur anderen Seite fahren. Die Physik
des hydraulischen Dämpfungssystems wird realitätsnah entsprechend der physikalischen Grundlagen wiedergegeben. Darüber hinaus kann der Zwilling bei
Kopplung mit einer künstlichen Intelligenz (KI) lernen, möglichst effizient seinen
Weg über das Hindernis zu finden.

Auf die Verwendung von 3D Geometrien wollen wir im weiteren Verlauf des Buches verzichten, da dies den Rahmen sprengen würde. Wir haben aber weiterer Bücher zu diesem Thema geplant.

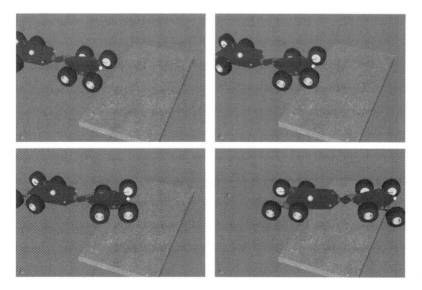

**Abb. 1.5** Digitaler Zwilling eines Fahrwerks – mit der 3D Geometrien kann die Funktion unter realen Bedingungen getestet werden

# Signale und Mathematik 2

Um den modernen *Mary Shelleys* die Möglichkeiten zur Erstellung ihres eigenen, digitalen *Prometheus* zu erleichtern, wird in diesem Buch ausführlich beschrieben, wie man einen digitalen Zwilling für ein technisches Problem erstellen kann. Bevor wir aber mit den interessanten, physikalischen Fragestellungen beginnen, sollten wir uns noch einmal kurz dem Thema *Signale und Mathematik* widmen. Dieses eher trockene Thema ist notwendig, da wir im weiteren Verlauf der Modellierung immer wieder auf den Einsatz sogenannter **Signale** stoßen werden. Jede Bibliothek hat in *Amesim* ihre eigene Farbe. Die Signal Bibliothek ist in der Regel in **roter Farbe** dargestellt. Wir wollen die Chance nutzen und am Beispiel des Taschenrechners die Funktionen von *Amesim* ausführlich vorstellen. Die digitalen Zwillinge werden im Weiteren auch als *Modelle* oder *Simulationsmodelle* bezeichnet.

## 2.1 Der erste Start von *Simcenter Amesim*

Um die Arbeitsweise mit *Simcenter Amesim* zu zeigen, soll zunächst ein einfacher Taschenrechner erstellt werden. Nach dem Starten von *Amesim* öffnet sich als erstes die Oberfläche des Programms. Hier in diesem Buch wurden alle Beispiel und Übungen unter dem Betriebssystem Windows erstellt. Es gibt aber auch die Möglichkeit *Amesim* unter dem Betriebssystem Linux laufen zu lassen. Dieses kann gerade dann von Vorteil sein, wenn man das Programm mit anderen Simulationstools koppeln will, oder die Modelle automatisieren möchte. Hier wollen wir *Amesim* aber ausschließlich von der grafischen Benutzeroberfläche aus bedienen.

Als erster Schritt muss man zum Erstellen eines Modells einzelne *Items* aus der Modell Bibliothek auf die in Abb. 2.1 gezeigte Zeichenebene des Programms

© Der/die Autor(en), exklusiv lizenziert durch Springer Fachmedien Wiesbaden GmbH, ein Teil von Springer Nature 2021
F. U. Rückert und M. Sauer, *Die Erstellung eines digitalen Zwillings,*
essentials, https://doi.org/10.1007/978-3-658-33407-9_2

**Abb. 2.1**  Die graphische Benutzeroberfläche von *Simcenter Amesim*. (Nach dem Start – es ist noch kein Modell enthalten)

ziehen.

Wir starten im folgenden Kapitel mit dem einfachen Beispiel, indem wir versuchen mit der Signalbibliothek einen Taschenrechner nachzubauen.

## 2.2    Ein einfacher Taschenrechner

Wir beginnen mit dem Modell für einen einfachen *Taschenrechner*. Mit diesem Taschenrechner sollte es beispielsweise möglich sein, eine einfache Rechnung wie $1 + 2 = 3$ durchzuführen. Hierzu ziehen wir mit der Maus aus der Signal Bibliothek das *Item* für eine Konstante auf die Zeichenfläche. Achten Sie unbedingt darauf, dass sie sich im *Sketch mode* befinden. Sonst können sie auf der in Abb. 2.2 gezeigten Zeichenfläche nichts hinzufügen.

Dieses *Item* für die Konstante können wir mit der Maus aktivieren und dann, wie unter Windows allgemein üblich, mit der Tastenkombination *Strg+ C* kopieren, sowie mit der Tastenkombination *Strg+ P* wieder eingefügt werden. Mit der Tastenkombination *Strg+ R* kann man die Items rotieren lassen.

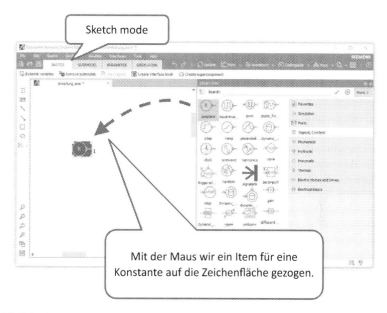

**Abb. 2.2**  *Beispiel:* Erstellung eines einfachen Taschenrechners; *Schritt 1:* Anlegen einer Konstante

Mit dem Taschenrechner soll die Gleichung **1+ 2= 3** gelöst werden, deshalb muss man aus der in Abb. 2.3 gezeigten *Library* mit der Maus ein *Summen Item* auf die Zeichenfläche ziehen.

Nachdem die beiden *Konstanten* und das *Summen Item* auf die Zeichenfläche kopiert oder gezogen wurden, müssen diese wie in der Abb. 2.4 gezeigt mit der Maus miteinander verbunden werden.

Die *Items* müssen wie in der Abb. 2.5 gezeigt untereinander verbunden werden. Hierzu muss man mit dem Mauszeiger an die sogenannten Ports der *Items* gehen bis diese grün angezeigt werden. Somit kann man die Ports der *Items* untereinander verbinden.

Wenn alle Ports eines Modells ordnungsgemäß miteinander verbunden sind, ändert sich die Farbe der Items. Das Modell ist dann nicht mehr in dunkler Farbe unterlegt und ist damit einsatzbereit. Falls das Verbinden nicht funktioniert, liegt in der Regel ein Denkfehler bei der Konzeption vor.

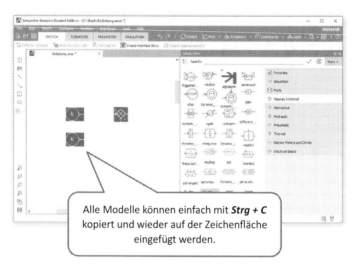

Alle Modelle können einfach mit **Strg + C** kopiert und wieder auf der Zeichenfläche eingefügt werden.

**Abb. 2.3** *Beispiel:* Erstellung eines einfachen Taschenrechners; *Schritt 2:* Kopieren einer Konstante und hinzufügen einer Summationsfunktion

▶  **Wichtig**  Achten sie immer darauf, dass die unterschiedlichen *Items* richtig miteinander verbunden sind und die Farbe gewechselt haben. Es ist auch möglich, wenn ein physikalisches Modell unlogisch ist, dass sich dann die *Items* nicht verbinden lassen. Wenn dieser Fall auftritt, sollten sie die Sinnhaftigkeit ihres Modells hinterfragen.

In der Regel können sie die *Items* aus der Signal Bibliothek auch mit allen anderen Bibliotheken verbinden. Ein *Sink Item,* wie es in der Abb. 2.6 dargestellt ist, muss also immer kompatibel zu den anderen Bibliotheken sein und kann dann entsprechend verwendet werde, wenn sie für ein bestimmtes Simulationsmodell einmal keine passende Verbindung oder Weiterführung des Modells finden.

Sobald das Modell für die Addition vollständig ist, wird kein Item mehr dunkel hinterlegt. Alle Items sollten dann in normaler Farbe dargestellt sein. Jetzt kann man, wie in der Abb. 2.7 gezeigt, von dem *Sketch mode* in den *Submodel mode* wechseln.

Der Wechsel in den *Submodel mode* ist nur dann möglich, wenn das Modell vorher korrekt gezeichnet wurde. Um bei dem graphischen Modell einzelne Werte einzugeben, muss man danach wie in Abb. 2.8 gezeigt, weiter in den *Parameter*

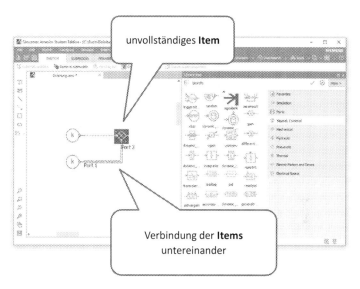

**Abb. 2.4** *Beispiel:* Erstellung eines einfachen Taschenrechners; *Schritt 3:* Verbinden der zwei Konstanten und der Summenfunktion miteinander

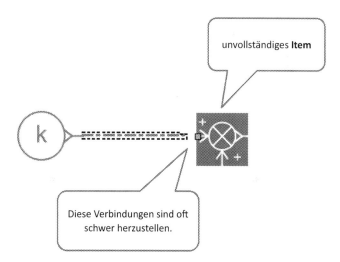

**Abb. 2.5** Verbinden von einem Item (*Konstante*) mit dem Item für die Summation

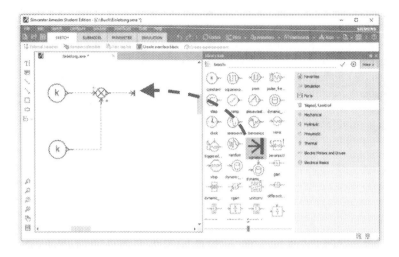

**Abb. 2.6** *Beispiel:* Erstellung eines einfachen Taschenrechners; *Schritt 4:* Abschließen des Modells über eine Senke (engl. *sink*)

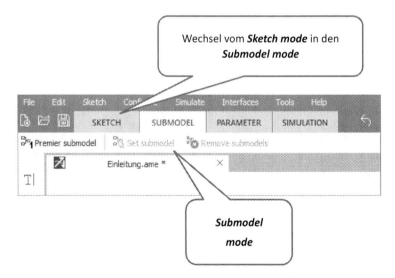

**Abb. 2.7** *Beispiel:* Erstellung eines einfachen Taschenrechners; *Schritt 5:* Wechsel vom *Sketch* mode in den *Submodel* mode

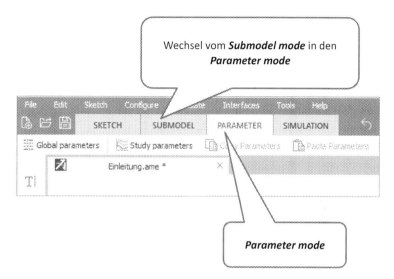

**Abb. 2.8** *Beispiel:* Erstellung eines einfachen Taschenrechners; *Schritt 6:* Wechsel vom *Submodel mode* in den *Parameter mode*

*mode* wechseln.

Im *Parameter mode* wird es jetzt möglich die Werte zur Lösung unserer Gleichung **1+ 2= 3** einzugeben. Wo sie die Werte genau angeben, sehen sie in Abb. 2.9 und 2.10.

In den Abb. 2.11 und 2.12 sehen sie, wie sie in den Simulationsmodus (engl. *Simulation mode*) wechseln und dann das Ergebnis der Rechnung ablesen können.

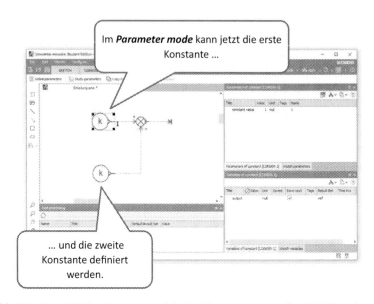

**Abb. 2.9** *Beispiel:* Erstellung eines einfachen Taschenrechners; *Schritt 7:* Eingabe eines Wertes für die erste Konstante

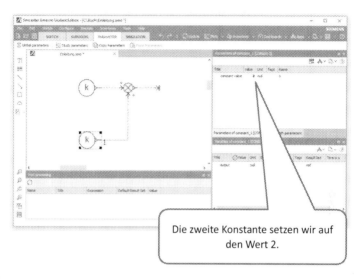

Die zweite Konstante setzen wir auf den Wert 2.

**Abb. 2.10** *Beispiel:* Erstellung eines einfachen Taschenrechners; *Schritt 8:* Eingabe eines Wertes für die zweiten Konstante

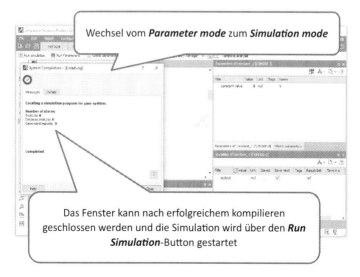

Wechsel vom *Parameter mode* zum *Simulation mode*

Das Fenster kann nach erfolgreichem kompilieren geschlossen werden und die Simulation wird über den *Run Simulation*-Button gestartet

**Abb. 2.11** *Beispiel:* Erstellung eines einfachen Taschenrechners; *Schritt 9:* Umschalten in den *Simulation mode* und Starten der Simulation

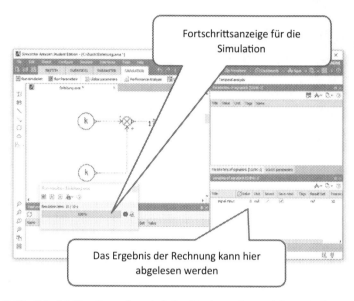

**Abb. 2.12**   *Beispiel:* Erstellung eines einfachen Taschenrechners; *Schritt 10:* Simulation ist beendet und das Ergebnis kann abgelesen werden

# Der mechanische Zwilling

3

Nachdem wir im vorangegangenen Kapitel zunächst nur einen einfachen Taschenrechner mit der Signalbibliothek erstellt haben, können wir mit der **mechanischen Bibliothek** bereits komplexe, physikalische Modelle erstellen und testen. Die Handhabung ist dabei im Wesentlichen die gleiche, wie bei der Erstellung unseres Taschenrechners. Wir wollen zuerst das Simulationsmodell mittels graphischer Modellierung erstellen und es dann testen.

Das Wort *Mechanik* ist vom altgriechischen *mechané* abgeleitet. Es geht dabei um die Bewegung von Körpern und um die dabei wirkenden Kräfte. In der Physik wird unter Mechanik meist die klassische Mechanik von bewegten Körpern und Teilchen verstanden. In den Ingenieurwissenschaften beinhaltet dies in der Regel die Statik und die technische Mechanik. Man braucht die Mechanik zur Planung von Maschinen oder Bauwerken.

Kommen wir zu unserem ersten Zwilling. Wir wollen einen **mechanischen Zwilling** erzeugen und haben uns dafür das einfache Beispiel von einem springenden Ball ausgewählt. Die dazu notwendige **mechanische Bibliothek** ist auf der rechten Seite der Oberfläche im *Library Tree* zu finden.

> ▷ **Wichtig** Alle nachfolgenden Kapitel dieses Buches sind zur besseren Übersichtlichkeit gleich aufgebaut. Sie gliedern sich immer zuerst in den Abschnitt *Simulationsmodell*. Hier muss man sich noch keine großen Gedanken um die eigentlichen physikalischen Größen machen.
>
> Danach folgt immer ein Abschnitt zu den *Submodellen und Parametern* in dem man dann für das Simulationsmodell die exakten, physikalischen Größen angeben muss. Als Letztes erfolgt immer ein

F. U. Rückert und M. Sauer, *Die Erstellung eines digitalen Zwillings,* essentials, https://doi.org/10.1007/978-3-658-33407-9_3

Abschnitt in dem die *Simulationsergebnisse* dargestellt werden und ein Hinweis zu weiterführenden *Arbeitsvorschlägen*.

## 3.1    Ein springender Ball

Die Idee, was genau passiert, wenn ein Ball zu Boden fällt und dann wieder nach oben zurückspringt, ist relativ leicht nachzuvollziehen. Dieser Vorgang wird hier nicht noch einmal extra erläutert. Wir wollen lieber gleich damit anfangen, uns an die Symbolik des Programms *Amesim* zu gewöhnen. Wir werden deshalb den springenden Ball direkt im *Sketch modus* zeichnen.

Hierzu erstellen wir zunächst von dem mechanischen Vorgang und der Funktion unseres Zwillings ein sogenanntes *Simulationsmodell* wie in der Abb. 3.1, welches aber schon alle wesentlichen Funktionalitäten enthalten soll. Denken Sie aber beim Erstellen des Simulationsmodells bitte noch nicht zu sehr darüber nach, wie lang, große oder schwer ein Körper ist und welche Kräfte genau wirken. Zeichnen Sie erstmal das Modell so ab, wie sie es sich vorstellen.

Die Details werden dann erst anschließend geklärt. So können sie besser den Überblick behalten. Im nachfolgenden Abschnitt *Submodelle und Parameter* werden dann alle anderen Größen, wie zum Beispiel das Gewicht des Balles oder die einwirkenden Kräfte eingegeben.

### 3.1.1    Simulationsmodell

Es spielt also erstmal keine große Rolle, wie schwer oder wie große der Ball ist oder aus welcher Höhe er auf den Boden fällt. Wir wollen mit dem funktionalen *Simulationsmodell* beginnen. Wir stellen unseren Ball über ein sogenanntes Massensymbol (engl. *mass*) dar. Dieses ziehen wir im *Sketch mode* mit der Maus auf die leere Arbeitsfläche.

Zusätzlich zu dieser Masse (engl. *mass1port*), die den Ball repräsentiert, ziehen wir jetzt ein Symbol für den Boden auf die Zeichenfläche (engl. *zerospeedsource*).

Jetzt wird es etwas komplizierter. Wir brauchen noch ein Symbol für die Höhe, aus welcher der Ball auf den Boden fällt, bzw. den Spalt zwischen Ball und Boden. Zusätzlich soll der Aufprall des elastischen Balles aber auch bei seinem Aufschlag auf den Boden gedämpft werden. Um diese Sachverhalte in unserem

**Abb. 3.1** mechanisches
Simulationsmodell für einen
auf den Boden fallenden
und springenden Ball

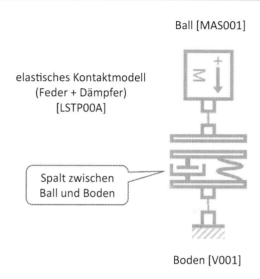

Ball [MAS001]

elastisches Kontaktmodell
(Feder + Dämpfer)
[LSTP00A]

Spalt zwischen
Ball und Boden

Boden [V001]

Zwilling darzustellen, wählen wir ein Symbol für einen elastischen Kontakt (engl. *elastic contact*) aus der mechanischen Bibliothek.

Wie das fertige *Simulationsmodell* aussehen soll, sehen sie in der Abbildung. Versuchen sie einfach, diese Abbildung nachzuzeichnen. Achten Sie bitte auch darauf, dass alle Symbole richtig miteinander verbunden sind und nicht mehr dunkel hinterlegt werden. Erst dann funktioniert das Modell.

Wenn alle Symbole miteinander verbunden sind, ist der erste Zwilling für den springenden Ball fertig. Jetzt kommt die Feinarbeit und wir müssen etwas genauer hinschauen. Wechseln Sie in den *Parameter mode* und geben sie die Parameter für unseren Zwilling ein.

## 3.1.2 Submodelle und Parameter

Sobald die grafische Erstellung des Simulationsmodells abgeschlossen ist, können die physikalischen Größen für die verschiedenen *Submodelle* unter dem Reiter SUBMODEL ausgewählt werden. Dabei ändert sich an der Darstellung erst einmal nicht viel. Unter dem Reiter PARAMETER können die eigentlichen Parameter angegeben werden.

▶  **Wichtig** Die *Parameter* sind Größen des Simulationsmodells, die sich während der Rechnung nicht mehr ändern, aber das Ergebnis maßgeblich beeinflusst werden. Diese muss der Nutzer selbst kenne oder in der Realität beobachten und dem Modell vorgeben. Man ermittelt sie beispielsweise durch Nachmessen oder Wiegen der Körper.

Bei der Masse, die unseren Ball repräsentiert, muss das Gewicht (*hier:* 1 [kg]) und der Winkel mit dem man den Ball fallen lässt, eingegeben werden. In unserem Beispiel soll der Ball senkrecht mit 90° nach unten fallen.

Bei dem Spalt zwischen Ball und Boden muss die Höhe (1 [m]) sowie die Kontaktsteifigkeit des Balles beim Aufprall (*hier:* am besten einen sehr große Wert eingeben) sowie die Dämpfung beim Aufprall (150 [N/(m/s)]) angegeben werden. Der Ball wird mit dieser Dämpfung nicht in den Boden eindringen können, sondern wird vom Boden zurückprallen.

Wir haben in den Abschnitten *Submodelle und Parameter* immer zur Übersicht noch einmal sämtliche Parameter in einer Tabelle (Tab. 3.1) zusammengefasst. Dieses erleichtert die Eingabe in *Amesim*.

In der Tab. 3.1 ist auch unter der Spalte **Item** der Name für das jeweilige Modell oder Submodell angegeben. Unter diesem Namen kann man auch mit der Suchfunktion nach dem entsprechenden Item suchen. Wenn alle Parameter richtig angegeben sind, kann die Simulation wie in Abb. 3.2 gestartet werden.

Nach dem Klicken mit der Maus auf den Button zum Setzen der **Run Parameter** muss zuerst noch eingestellt werden, wie lange die Simulation laufen soll. Sie starten in unserem Fall bei 0 [s] und rechnen bis zur Simulationszeit 4 [s]. Zusätzlich wird noch eine sinnvolle Schrittweite gewählt (*hier:* 0,01 [s]). Diese

**Tab. 3.1**  Parameter für das Simulationsmodell springender Ball

| Item | Parameter |
|---|---|
| **[MAS001]** | mass = 1 [kg] |
| | inclination = 90 [degree] |
| **[LSTP00A]** | gap or clearance with both displacements zero = 1000 [mm] |
| | contact stiffness = 1e + 06 [N/m] |
| | contact damping = 150 [N/(m/s)] |
| | penetration for full damping = 0,001 [mm] |
| **[V001]** | linear displacement = 0 [m] |

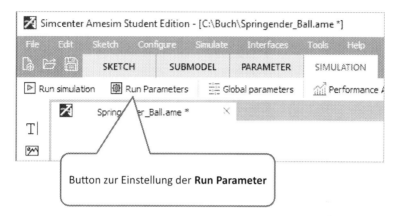

**Abb. 3.2** Button zur Einstellung der *Run Parameter* drücken – Simulationszeiten und Zeitschrittweite angeben

**Tab. 3.2** Simulationszeit für das Simulationsmodell springender Ball

| Simulation settings |
| --- |
| Start time = 0 [s] |
| Final time = 4 [s] |
| Print interval = 0,01 [s] |

gibt an, wann Ergebnisse für jeden Zeitschritt geschrieben werden sollen. Die Simulationszeiten sind in Tab. 3.2 angegeben.

Wenn der Fortschrittsbalken wie in Abb. 3.3 gezeigt bis auf 100 % angestiegen ist, wurde die Simulation erfolgreich beendet. Jetzt können die Ergebnisse ausgewertet werden. Ziehen sie zum Auswerten wieder die gewünschten Ergebnisgrößen auf die Arbeitsfläche, um ein Diagramm des Wertes wie in der Abb. 3.4 zu erstellen.

Falls eine Simulation nicht erfolgreich durchläuft, oder es sehr lange dauert bis ein Ergebnis erzeugt wird, gibt es die Möglichkeit, dass man die Simulationszeit *(Final time)* kleiner wählt und auch das *Print interval* auf eine geringere Zeitschrittweite setzt. Hierdurch kann man überprüfen, welcher mögliche Fehler im Simulationsmodell vorliegen könnte. Meistens liegt der Fehler aber an nicht sinnvollen, physikalischen Werten, z. B. Masse des Balles viel zu hoch oder Abstand zu groß.

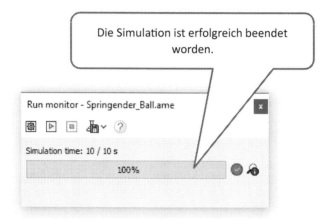

**Abb. 3.3** Erfolgreich beendete Simulation für den digitalen Zwilling eines Balls, der auf den Boden fällt

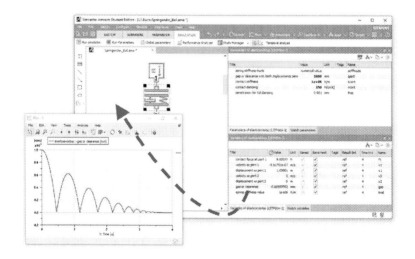

**Abb. 3.4** Erzeugen von Diagrammen – Ergebnisgrößen werden mit der Maus einfach auf die Arbeitsfläche gezogen

▶ **Wichtig** Wenn Sie die Zeitschritte *zu groß* wählen kann es sein, dass die Simulation nicht erfolgreich durchgeführt werden kann. Man spricht dann davon, dass das mathematische Modell nicht *konvergiert.* Aber auch wenn Sie die Zeitschritte *zu klein* wählen ist es möglich, dass die Simulation ebenfalls nicht erfolgreich durchgeführt werden kann. Das Programm *Amesim* schreibt nämlich für jeden Zeitschritt Ergebnisse auf die Festplatte. Wenn zu viele Daten geschrieben werden, können Probleme mit dem Speicherplatz entstehen.

Als Nächstes wollen wir uns die wichtigsten *Simulationsergebnisse* anschauen, die sich bei der Simulation für unseren Zwilling ergeben. Danach werden jeweils noch die Arbeitsvorschläge für Weiterentwicklungen oder weiterführende Untersuchungen an unserem digitalen Zwilling vorgeben.

▶ **Wichtig** Eines sollte man bei dem Erstellen der Zwillinge bedenken. Wenn etwas in der Wirklichkeit, also in der Realität, nicht funktionieren würde, z. B.: wenn die Masse des Balles oder der Abstand zum Boden viel zu hoch wäre, dann kann dies auch zu einem Abbruch und einer Fehlermeldung bei unserem digitalen Zwilling führen. Deshalb sollte man die Simulationen nur mit halbwegs plausiblen Parametern durchführen.

### 3.1.3 Simulationsergebnisse

Bei *Amesim* werden während der Simulation sehr viele unterschiedliche physikalische Größen im Hintergrund gespeichert. Wir wollen in diesem Abschnitt aber nur die wirklich interessanten Größen betrachten und diskutieren. Wir zeigen ihnen wie das geht.

Um Simulationsergebnisse in einem Diagramm zeichnen und abbilden zu können, muss man nach der erfolgreichen Simulation auf die Ergebnisgröße klicken, dann zieht man den Namen der Größe wie in der Abb. 3.5 gezeigt wird mit gedrückter Maus aus dem Fenster *Variables* auf die Arbeitsfläche. Hierdurch wird ein Diagramm dieser Ergebnisgröße über den Zeitverlauf der Simulation erzeugt.

▶ **Wichtig** Möchte man zwei Ergebnisgrößen in einem einzigen Diagramm darstellen, dann muss man die zweite Variable einfach in der

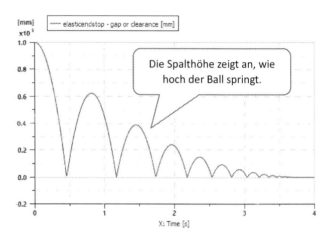

**Abb. 3.5**   Der Wert für den Spalt (engl. *gap*) ist ein Maß für den Abstand zwischen dem Ball und dem Boden

gleichen Art und Weise wie die erste auf das Diagrammfenster ziehen. Dadurch wird auch der zweite Wert in dem gleichen Diagramm dargestellt.

Welche Ergebnisse sind bei dem springenden Ball für uns von besondere Bedeutung? Eigentlich bei diesem Zwilling im Wesentlichen zwei Größen. Uns interessiert, wie sich die Höhe des Balles ändert und wie er vom Boden zurückspringt. Dieses können wir am besten darstellen, wenn wir uns den Spalt zwischen Ball und Boden (engl. *gap or clearance*) anschauen (siehe Abb. 3.5).

Wie muss man das Diagramm in der Abb. 3.5 nun lesen und interpretieren?

Nehmen wir an, wir lassen den Ball von einer Höhe von 1,0 [m] auf den Boden fallen. Nach ca. einer Sekunde trifft er bei einer Höhe von 0,0 [m] das erste Mal auf den Boden. Er springt danach wieder nach oben und erreicht aber nicht mehr die volle Höhe. Nach mehreren Sprüngen wird die Distanz zwischen Boden und Ball immer kleiner. Ihre erste Simulation für den springenden Ball war erfolgreich. Wir wollen uns jetzt noch weiterführende Arbeitsvorschläge für dieses Beispiel anschauen.

## 3.1.4 Arbeitsvorschläge

Um den digitalen Zwilling von dem springenden Ball ein bisschen besser ken-nenzulernen, wollen wir ein paar weiterführende Arbeitsvorschläge bearbeiten. Schauen sie sich zusätzlich an, wie hoch die Geschwindigkeit des Balls beim Springen ist. Hierzu ziehen wir aus dem *Variables* Feld die Größe „*Velocity at port 1*" auf die Arbeitsfläche um auch diese Variable in einem Diagramm anzuzeigen. Beim Loslassen des Balles ist die Geschwindigkeit noch klein, gegen Ende wird sie immer Größer, bis der Ball auf den Boden aufprallt und zurückgeworfen wird.

Wir wollen uns jetzt ein paar weiterführende Arbeitsvorschläge anschauen, die wir mit unserem digitalen Zwilling von dem springenden Ball untersuchen können:

- Untersuchen sie, nach welcher Zeit der Ball das erste Mal den Boden berührt, wenn sie den Abstand zwischen Ball und Boden am Anfang von der Höhe 1.0 [m] auf 2.0 [m] setzen.
- Wie ändert sich die Flugbahn von dem Ball, wenn Sie das Gewicht des Balles von 1,0 [kg] auf 1,5 [kg] und auf 2,0 [kg] erhöhen?
- Wie ändert sich die Flugbahn von dem Ball, wenn sie die Dämpfungskraft die beim Kontakt zwischen Boden und Ball auftritt *(contact damping)* von 150 [N/(m/s)] auf 50 [N/(m/s)] runtersetzen?

## 3.2 Die mechanische Wippe

Betrachten wir nun einen weiteren Anwendungsfall, den wir mit der **mechanischen Bibliothek** nachbauen können. Wir wollen einen digitalen Zwilling für eine mechanische Wippe erstellen. Auf der rechten Seite soll der Balken der Wippe nach unten gedrückt werden. Auf der linken Seite der Wippe soll eine Feder die zwischen linkem Hebelarm und Boden befestigt werden. Wir wollen gleich anfangen und das Modell der Wippe wie in der Abb. 3.6 nachbauen.

## 3.2.1 Simulationsmodell

Unser Simulationsmodell für den **digitalen Zwilling** der mechanischen Wippe besteht zunächst auf der linken Seite aus einem Hebelarm an dem die Feder befestigt ist. Als Wippe wird das Modell *lever2* [LML012] verwendet. Die Länge des

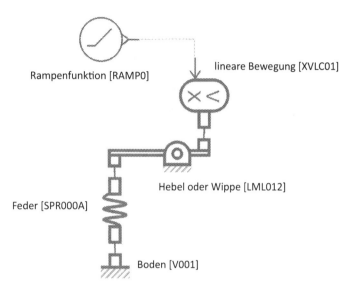

Rampenfunktion [RAMP0]

lineare Bewegung [XVLC01]

Hebel oder Wippe [LML012]

Feder [SPR000A]

Boden [V001]

**Abb. 3.6**  Digitaler Zwilling für eine mechanische Wippe mit gleichlangen Hebelarmen

linken Armes ist 1 [m]. Auf der rechten Seite drückt eine Kraft die Wippe um einen Weg von 1 [m] nach unten. Der rechte Hebelarm der Wippe soll ebenfalls 1 [m] lang sein. Hier spielt es erstmal keine Rolle, wie große die Reibung an dem Gelenk der Wippe ist. Außerdem wird bei diesem digitalen Zwilling immer vorausgesetzt, dass wir uns auf der Erde befinden und die Schwerkraft unseres Planeten wirkt.

Sobald man das Simulationsmodell für die mechanische Wippe mit der dazugehörigen Feder erstellt hat, kann man die konkreten Werte, z. B. Federkraft, Länge der Hebelarme oder den Weg um den der rechte Hebelarm nach unten gedrückt wird eingeben. Wir wollen diese Angaben im nächsten Abschnitt *Submodell und Parameter* machen.

## 3.2.2  Submodelle und Parameter

Wir wollen versuchen, im Modell die Wippe auf der rechten Seite nach unten zu drücken. Wie kann man diesen Vorgang dem Zwilling beibringen? Hierzu haben wir in Abb. 3.7 eine Rampenfunktion aus der Signalbibliothek (*rote Bibliothek*)

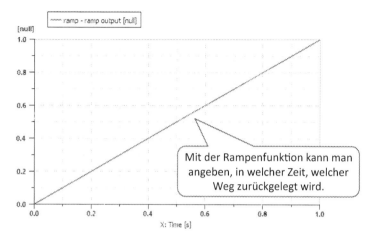

**Abb. 3.7** Rampenfunktion die uns ermöglicht, die Wippe auf der rechten Seite nach unten zu drücken

ausgewählt [RAMP0]. Bei diesem *Item* geben wir den Wert für die Steigung der Rampenfunktion mit 1 an (engl. *slope*). Das bedeutet, dass innerhalb einer Sekunde der rechte Arm um einen Meter nach unten gedrückt wird. An der linken Seite der Wippe befestigen wir die Feder.

Weiter haben wir ein Element ausgewählt das uns angibt, wie weit wir den rechten Arm der Wippe nach unten drücken. In dem Element für die Wippe geben wir an, wie lang die beiden Arme der Wippe sein sollen. Für beide Seiten der Wippe sollen hier Hebelarme gewählt werden die 1 [m] lang sind. Die Werte aus Tab. 3.3 müssen immer im *Parameter Modus* eingegeben werden.

Die Simulationszeit wird entsprechend der angegebenen Tab. 3.4 auf 1 [s] gesetzt. Bei dieser Rechnung müssen wir darauf achten, dass die Simulationszeit nicht zu lang gewählt wird. Das hat einen ganz einfachen Grund. Wenn wir die Simulationszeit zu lang wählen, dann werden die Arme der Wippe auf der rechten Seite zu weit nach unten gedrückt, was zu einem unsinnigen Verhalten führen würde.

**Tab. 3.3**   Parameter für das Simulationsmodell der Wippe

| Item | Parameter |
|---|---|
| [RAMP0] | slope = 1 [] |
| [XVLC01] | time constant for derivative of displacement = 0.0001 [s] |
| [LML012] | distance port 1 to pivot = 1 [m] |
| | distance port 2 to pivot = 1 [m] |
| [SPR000A] | spring stiffness rate = 1000 [m/m] |
| | spring force with both displacements zero = 0 [N] |

**Tab. 3.4**   Simulationszeit für das Simulationsmodell der Wippe

| Simulation settings | |
|---|---|
| | Start time = 0 [s] |
| | Final time = 1 [s] |
| | Print interval = 0,01 [s] |

## 3.2.3   Simulationsergebnisse

Nach der Simulation wollen wir zwei verschiedene Ereignisse auswerten. Natürlich wissen wir bei der Wippe schon, was passieren muss. Es ist immer gut, die Simulationsergebnisse auch zu plausibilisieren und kritisch zu hinterfragen ob alles stimmt.

Zunächst schauen wir uns in Abb. 3.8 an, wie sich die Bewegung der Hebelarme ändert. Der linke Arm des Balkens bewegt sich in 1 [s] genau um einen Meter nach oben der rechte Hebel der Wippe um einen Meter nach unten. Das ist erstmal ein sinnvolles Verhalten des Modells.

Dass der rechte Balken nach unten gedrückt wird, zeigt sich an dem negativen Wert. Wenn der linke Balken eine größere Länge hätte, würde er sich weiter nach oben bewegen als der rechte nach unten. Wir sehen also, dass beide Hebelarme in der Zeit 1 [s] um 1 [m] bewegt werden.

Wir können uns in Abb. 3.9 auch noch etwas Anderes anschauen. Nämlich um welchen Winkel der Balken der Wippe um seine Achse gedreht wird. Dieses kann durch die Größe *angular lever position* ausgewertet werden. Hier sind es ca. 57° um die sich die Wippe dreht.

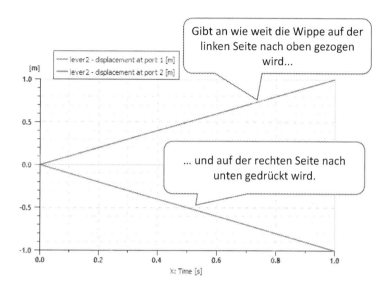

**Abb. 3.8** Höhe um die der linken Hebelarm der Wippe nach oben gehoben wird und der rechte Hebelarm nach unten gedrückt wird

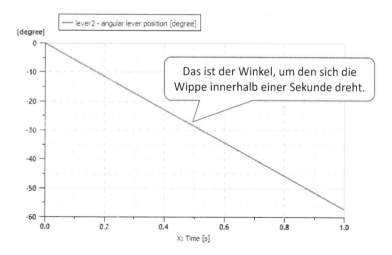

**Abb. 3.9** Winkel in Grad, um die sich der Balken der Wippe um die Achse dreht

Das Beispiel ist jetzt relativ einfach, wir können aber die folgenden Arbeitsvorschläge machen, um es etwas interessanter zu gestalten und unseren *mechanischen, digitalen Zwilling* noch etwas weiter zu untersuchen. Hier sind weiterführende Arbeitsvorschläge für sie.

### 3.2.4  Arbeitsvorschläge

Machen sie mit ihrem Simulationsmodell doch einmal die folgenden Untersuchungen:

*   Wie ändern sich die Ergebnisse, wenn wir länger als eine Sekunde auf die
    Wippe drücken? Ab wann werden die Ergebnisse unsinnig und weshalb?
*   Macht es Sinn, die Rechenzeit *(Final time)* auf den Wert 20 [s] zu setzen?
*   Was passiert, wenn wir den rechten Arme des Balkens verlängern, z. B. auf 3
    [m]? Interpretieren sie ihre neuen Ergebnisse.
*   Was ändert sich, wenn wir die Federkraft am linken Arm der Wippe erhöhen?
    Interpretieren sie auch diese Ergebnisse.

## 3.3    So funktioniert ein Seilzug

Wir wollen einen **mechanischen Zwilling** für einen Seilzug bauen. Mit dem Seilzug werden wir ein Gewicht anheben. Das Seil soll über eine Rolle laufen. Es
soll dabei auch untersucht werden, ob die Rolle reibungsfrei läuft, oder nicht. Sie
werden beim Modellieren feststellen, dass es auch einen Einfluss auf das Ergebnis hat, wie lang das untere Ende des Seiles ist. Dieser Teil des Seiles kann sich
nämlich beim Ziehen noch dehnen.

### 3.3.1    Simulationsmodell

Unser Simulationsmodell in Abb. 3.10 für den **mechanischen Zwilling** des Seil-
zuges besteht zunächst auf der linken Seite aus einer *Kraft F* mit der Einheit
Newton [N]. Damit kann man an dem Seil ziehen. Dann läuft das Seil über die
Rolle und am herabhängenden Ende des Seiles befindet sich das Gewicht. Eine
Rolle läuft nie ganz reibungsfrei, deshalb muss man die Rolle noch mit einem
Modell für die Reibung bestücken (engl. *rotary load*).

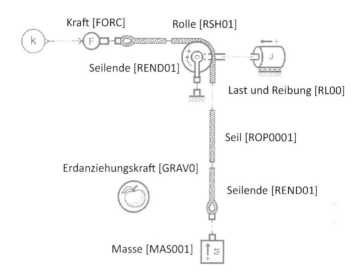

**Abb. 3.10** Digitaler Zwilling für ein Seil zum Heben eines Gewichtes das über eine Rolle läuft

Auch hier spielt es erstmal keine Rolle, wie große die Reibung, die Kraft an der linken Seite oder das Gewicht ist, das unten am Seil hängt. Man sollte sich zuerst einmal den prinzipiellen Aufbau des digitalen Zwillings für das Problem klarmachen. Dann baut man diesen zusammen und prüft ihn auf seine Funktion. Erst danach sollten sie die genauen *Parameter* eingeben.

Im nachfolgenden Schritt kann man dann die konkreten Werte, z. B.: das Gewicht am Seil eingeben. Zusätzlich wird mit dem Apfelsymbol noch die Schwerkraft der Erde angegeben. Wir wollen dies im folgenden Kapitel *Submodell und Parameter* tun.

### 3.3.2 Submodelle und Parameter

Schauen wir uns das Simulationsmodell nochmal genauer an. An der linken Seite des Seiles wird mit einer Kraft von 50 N [N] gezogen. Da wir an dem Seil nach links ziehen, müssen wir die Kraft auf -50 [N] setzen, sonst würden wir das Seil drücken, was keinen Sinn macht. Der Wert wird also mit einem negativen Vorzeichen angegeben. Zusätzlich müssen wir jetzt auch die Größe der Rolle angeben,

**Tab. 3.5** Parameter für das Simulationsmodell einfacher Seilzug

| Item | Parameter |
|---|---|
| [CONS00] | constant value $= -50$ [N] |
| [RSHE002A] | diameter of the sheave $= 500$ [mm] |
| | roping anlge $= 90$ [degree] |
| [MECROPE0] | stiffness of unit length of rope $= 1e + 06$ [N/m] |
| | viscous friction of unit length of rope $= 1000$ [N/m/s] |
| | initial length $= 10$ [m] |
| [RL00A] | moment of inertia $= 1$ [kgm**2] |
| | coefficient of viscous friction $= 1$ [Nm/(rev/min)] |
| | *(Alle anderen Werte werden auf 0 gesetzt.)* |
| [MAS001] | mass $= 1$ [kg] |
| [GRAV0] | constant gravity value $= 9,80.665$ [m/s/s] |

die wir verwenden wollen und wir müssen auch noch die Länge des Seiles wählen. Auch das Gewicht des Körpers den wir hochheben wollen ist von entscheidender Bedeutung und wir müssen angeben, dass dieser 1 [kg] wiegen soll. Alle weiteren Werte sind in Tab. 3.5 angegeben.

Das Symbol mit dem Apfel [GROV0] gibt die Größe der Schwerkraft an. Auf der Erde wirkt ja fast überall die Gravitationsbeschleunigung von 9,80.665 [m/s²]. Wenn wir zum Beispiel auf einem anderen Planeten wie dem Mars oder der Venus wären, müssten wir einen anderen Wert für die Schwerkraft verwenden. Wenn wir uns auf dem Mars befinden, könnten wir diesen digitalen Zwilling nicht mehr verwenden, da dort die Schwerkraft bei 3,711 [m/s²] liegt. Auf dem Mond liegt die Schwerkraft bei 1,62 [m/s²].

Wir können die Schwerebeschleunigung nicht beliebig in den einzelnen *Items* ändern und das Apfelsymbol wirkt nicht auf alle Modelle gleich. Leider kann man zwar das Symbol auf der Arbeitsfläche immer einfügen und wir haben das auch getan, da das Apfelsymbol sehr schön aussieht. Aber im Inneren der Submodelle wird leider an manchen Stellen immer noch mit der Gravitationskonstante der Erde gerechnet. Dieses sollte man in nachfolgenden Versionen des Programms *Amesim* einmal anpassen. Dann können auch digitale Zwillinge für andere Planeten erstellt werden.

| **Tab. 3.6** Simulationszeit für das Simulationsmodell einfacher Seilzug und Rolle | Simulation settings |
| --- | --- |
| | Start time = 0 [s] |
| | Final time = 4 [s] |
| | Print interval = 0,01 [s] |

Hier wollen wir die Rechnung für 4 [s] durchführen. Achten Sie bitte darauf, dass die Simulationszeit in Tab. 3.6 nicht zu lang gewählt wird, da sonst die Gefahr besteht, dass sie das ganze Seil durch die Rolle hindurchziehen. Hierfür ist unser Modell nicht ausgelegt und es würden keine sinnvollen Ergebnisse herauskommen.

## 3.3.3   Simulationsergebnisse

Welches Ergebnis können wir jetzt auswerten? Es macht auf alle Fälle Sinn, sich als erstes anzuschauen, um wie viele Meter das Gewicht am unteren Ende des Seils hochgehoben wird, wenn man mit einer Kraft von 50 [N] zieht. Achten sie bitte auch hier auf das Vorzeichen. Es ist negativ, da das Seil von der Rolle weggezogen wird.

> **Wichtig** Bei Angabe von Randbedingungen wie *Kräften, Geschwindigkeiten* oder *Massenströmen* ist es immer von Bedeutung, in welche Richtung die Kraft oder die Ströme wirken. Entsprechend der Richtung müssen sie das Vorzeichen auswählen. Wenn sie nicht wissen, welches Vorzeichen sie verwenden sollen. Testen sie einfach ob es ein *Plus* oder ein *Minus* sein muss.

Wenn wir uns die Variable *displacement port* auf die Oberfläche ziehe, sehen wir in Abb. 3.11, dass das Gewicht in 4 [s] um ca. einen Meter nach oben gezogen werden kann. Dieser Sachverhalt ist noch relativ gut nachzuvollziehen und wir hätten uns das auch mit einfachen, physikalischen Überlegungen herleiten können.
Wir wollen in Abb. 3.12 noch ein bisschen genauer hinschauen. Unser digitaler Zwilling kann nämlich noch mehr vorhersagen. Da das Seil sehr schnell über die Rolle nach oben gezogen wird, kommt es zu einer kurzzeitigen Verlängerung des Seiles zu Beginn des Zugvorganges. Es wird sozusagen erstmal gespannt und somit gestreckt. Sie sehen dieses in der folgenden Abbildung an der kurzzeitigen

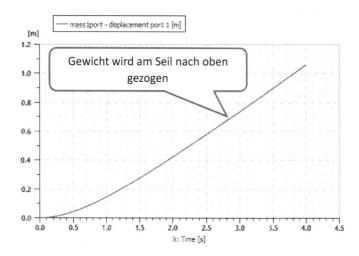

**Abb. 3.11** Höhe um die das Gewicht am unteren Ende des Seils hochgehoben wird

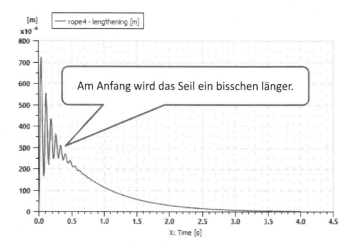

**Abb. 3.12** Längenänderung des Seiles bedingt durch die Beschleunigung am Anfang

Längenänderung. Sobald die Masse gleichmäßig hochgezogen wird, nimmt die Längenänderung des Seiles wieder ab.

Dieser Vorgang ist wesentlich komplexer und kann ohne einen digitalen Zwilling nicht so einfach mit Papier und Bleistift ermittelt werden. Die zusätzliche Verlängerung des Seils kann aber in der Technik oder im tägliche Leben durchaus von Bedeutung sein. Denken sie nur mal an Bungee-Jumping.

## 3.3.4  Arbeitsvorschläge

Schauen wir uns jetzt an, wofür wir unseren digitalen Zwilling von dem Seil das über eine Rolle läuft noch verwenden können. Folgende Arbeitsvorschläge können sie selbstständig mit ihrem Simulationsmodel untersuchen:

- Was würde passieren, wenn sie die Kraft verdoppeln, mit der sie am Seil ziehen. Wie schnell wird dann die Masse hochgehoben?
- Überprüfen sie, wie sich die Höhe ändert auf die das Gewicht gezogen wird, wenn sich die Masse die unten am Seil hängt ändern. Ändert sich auch die Länge des Seils während des Vorgangs?
- Versuchen sie ein Simulationsmodell zu erstellen, bei dem sie den Seilzug über zwei verschiedene Rollen laufen lassen. Was bringt ihnen das?
- Entfernen Sie einfach mal das Apfelsymbol und schauen sie, ob das Modell dann immer noch läuft.

# Der thermische Zwilling

4

Nachdem wir uns im vorherigen Kapitel die **mechanische Bibliothek** zum Erstellen eines **mechanischen, digitalen Zwillings** angeschaut haben, wollen wir uns jetzt einem ganz anderen Problem zuwenden. Wir hatten ja am Anfang gesagt, dass man bei einem **mechanischen Zwilling** zum Beispiel untersuchen kann, wie die Kräfte auf einen Körper wirken. Damit können wir aber nur einen Teilbereich einer Problemstellung bearbeiten. Wir wissen zum Beispiel nicht, wie sehr sich eine Wippe bei Sonnenbestrahlung aufheizt oder welche Wärmemenge durch die Reibung zwischen Seil und Rolle entsteht.

Um den neuen Zwilling zu erstellen, brauchen wir jetzt auch eine neue Bibliothek. Wir wählen deshalb die sogenannte **thermische Bibliothek** aus, um einen **thermischen, digitalen Zwilling** zu erstellen.

Mit der **thermischen Bibliothek** können wir die unterschiedlichen Wärmeübertragungsprozesse abbilden. Sowohl für die klassische *Konduktion* (Wärmeleitung) als auch für die *Konvektion*. Das ist der Wärmetransport durch Fluidbewegung. Auch für die Wärmestrahlung gibt es detaillierte Modelle. Um zu erfahren, wie genau die einzelnen *Items* funktionieren, können sie auch die sehr gute Hilfe des Programmes *Amesim* verwenden. Wir wollen einen einfachen, **thermischen Zwilling** aufbauen und mit ihm die unterschiedlichen Mechanismen des Wärmetransports untersuchen. Es gibt auch noch weitere, kompliziertere Transportvorgänge. Auf die wollen wir in diesem Buch aber nicht eingehen.

> ▷ **Wichtig** Die Wärmeübertragung erfolgt immer von der höheren Temperatur hin zu niedrigerer Temperatur. Niemals in umgekehrter Richtung. Man unterscheidet drei Wärmeübertragungsvorgänge.
>
> Als erstes spricht man von der Wärmeleitung im Inneren eines Körpers oder zwischen zwei benachbarten Körpern. Dieser Vorgang

© Der/die Autor(en), exklusiv lizenziert durch Springer Fachmedien Wiesbaden GmbH, ein Teil von Springer Nature 2021
F. U. Rückert und M. Sauer, *Die Erstellung eines digitalen Zwillings*, essentials, https://doi.org/10.1007/978-3-658-33407-9_4

wird auch als *Konduktion* bezeichnet. Der zweite Mechanismus ist
die sogenannte *Konvektion*. Dabei wird die Wärme mit einem Gas
oder einer Flüssigkeit transportiert. Der dritte Wärmeübertragungsvorgang ist die *Strahlung*.

Entscheidend zum Verständnis der Philosophie von *Simcenter Amesim* ist auch,
dass der **thermische Zwilling** mit dem **mechanischen Zwilling** in einem Modell
verbunden werden kann. Man kann beispielsweise berechnen, wie groß die Wär-
meentwicklung durch Reibung von einer Bremsscheibe beim Bremsvorgang eines
Fahrzeuges ist.

> ► **Wichtig** Man kann verschiedene Zwillinge miteinander Koppeln.
> Zum Beispiel kann man bestimmt Elemente der *mechanischen Biblio-
> thek* mit der *thermischen Bibliothek* verbinden. Eine Verbindung der
> einzelnen *Items* ist aber nur dann möglich, wenn dies auch physika-
> lisch Sinn macht. Wenn sich zwei *Items* nicht verbinden lassen, dann
> hat dieses fast immer auch einen Grund.

Betrachten wir jetzt unseren **thermischen, digitalen Zwilling** für den Kühlkörper eines Generators. Das Design und die Erstellung von Kühlköpern ist für viele
technische Anwendungen sehr wichtig. Beispielsweise müssen fast alle elektro-
technischen Bauteile wie Elektromotoren, Generatoren, Batterien oder Akkus im
Betrieb gekühlt werden.

## 4.1 Kühlkörper für elektrische Generatoren

Wenn wir uns mit der Temperatur von Körpern beschäftigen, sollten wir uns erst
einmal klarmachen, dass die Temperatur eines Körpers (in [°C]) meist die Auswir-
kung eines vorher stattgefundenen Wärme- oder Energietranssport in Joule [J] pro
Zeiteinheit ist. Bei einem elektrischen Generator entsteht durch Wirbelströme ein
Wärmeeintrag. Man versucht in der Regel, durch Kühlkörper die Temperatur des
Materials gering zu halten und Wärme an die Umgebung abzuführen. Dabei spielt
es eine Rolle, aus welchem Material Generator und Kühlkörper gefertigt werden.
Ein Wärmeübertragungsvorgang wird mit der Einheit Watt [W] versehen.

## 4.1.1 Simulationsmodell

Bei dem thermischen Simulationsmodell müssen wir für die Metallkörper angeben, aus welchem Material sie gefertigt werden. Hier soll die Wärmeleitung zwischen den zwei Metallen *Eisen* und *Aluminium* modelliert werden. Die hierzu notwendigen Materialkennwerte sind bereits in *Simcenter Amesim* hinterlegt. Zusätzlich wollen wir noch die sogenannte *Konvektion*, also die Abkühlung der Metalle durch umgebende Luft sowie die Wärmestrahlung berücksichtigen.

▶ **Wichtig** Wenn wir einen Kühlkörper mit einem Fluid wie Luft oder Wasser kühlen ist es immer von Bedeutung, wie schnell das Fluid an dem Körper vorbeibewegt wird und ob dabei Turbulenzen entstehen.

Bei unserem Zwilling müssen wir für die *Wärmeleitung* zwischen den Metallkörpern jeweils ein spezielles Element [THCD00] einsetzen. Wir setzten unseren digitalen Zwilling aus insgesamt vier unterschiedlichen Metallkörpern [THC00] zusammen. Um dem Modell mitzuteilen, aus welchem Material ein *Item* in Abb. 4.1 jeweils besteht, muss man über einen sogenannten *solid type index* setzen.

An der rechten Seite des Eisenblocks sowie am Aluminiumblock wird jeweils eine Wärmequelle von 50 [W] angebracht. Am oberen Ende befindet sich der Aluminiumblock an dem die Wärme durch Konvektion und Strahlung abgeleitet wird. Hier kann man auch die Luftgeschwindigkeit ändern um den Wärmetransport zu beeinflussen.

## 4.1.2 Submodelle und Parameter

Bei den Modellparametern in Tab. 4.1 ist zu beachten, dass jeweils die beiden Aluminiumkörper eine gleiche Masse haben und für die beiden Eisenkörper wurde ebenfalls das gleiche Gewicht eingesetzt. Hier wird für Aluminium der *solid type index = 1* gesetzt und für Eisen der *solid type index = 2*. Es wären auch noch weitere Materialien möglich.

Die Simulationszeit in Tab. 4.2 wird für dieses Beispiel sehr lang gewählt, da solche Wärmeleitungsvorgänge bei der geringen Leistung und dem relativ hohen Gewicht recht lange dauern können. Bitte passen sie die Zeitschrittweite deshalb auch entsprechend an.

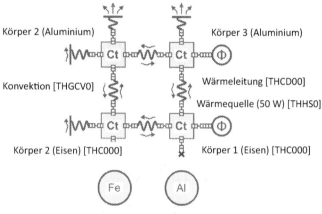

Feststoff Aluminium und Eisen [THSD00]

**Abb. 4.1** Simulationsmodell für Wärmeleitung – zwischen einem Körper aus *Eisen* und einem Körper aus *Aluminium* wird Wärme übertragen

**Tab. 4.1** Parameter für das Simulationsmodell eines Kühlkörpers aus Aluminium

| Item | Parameter |
| --- | --- |
| [THHS0] | heat flow rate at port 1 = 50 [W] |
| [THSD00] | solid type index = 1 [-] |
| | material definition = pure aluminium (Al) [-] |
| [THSD00] | solid type index = 2 [-] |
| | material definition = pure iron (Fe) [-] |
| [THC00] | solid type index = 1 [-] |
| | mass of material = 1 [kg] |
| [THC00] | solid type index = 2 [-] |
| | mass of material = 5 [kg] |
| [THCD00] | contact surface = 1000 [mm**2] |
| | thermal contact conductance = 1000 [W/m**2/degC] |
| [THGCV0] | inclination angle = 90 [degree] |
| | width = 100 [mm] |
| | length = 150 [mm] |
| | velocity of the fluid = 4 [m/s] |

**Tab. 4.2** Simulationszeit
für das Simulationsmodell
eines Kühlkörpers aus
Aluminium

| Simulation settings |
| --- |
| Start time = 0 [s] |
| Final time = 3600 [s] |
| Print interval = 0,1 [s] |

## 4.1.3  Simulationsergebnisse

Will man die Ergebnisse betrachten und einschätzen, wie die Wärme aus der Wärmequelle zuerst durch das Eisen und dann durch das Aluminium geleitet wird, so schauen wir uns in Abb. 4.2 den Zeitverlauf über 1 h (= 3600 [s]) hinweg an. Wir haben auf der rechten Seite jeweils 50 [W] Heizleistung angelegt die durch Wirbelströme entsteht. Die Körper sind durchnummeriert und wir sehen, dass die Temperatur nach einer Stunde bei den Elementen die direkt an der 50 [W] Wärmequelle anliegen auf etwa 80 [°C] angestiegen ist.

Die Temperaturen im Inneren der Metallblöcke in Abb. 4.3 ergeben sich aus den entsprechenden Wärmeströmen zwischen den Köpern und der Umgebung. Zur linken Seite hin sind die Temperaturen der Eisen- als auch der Aluminiumkörper nur jeweils auf ca. 50 [°C] angestiegen. Die Erklärung hierfür ist, dass an der

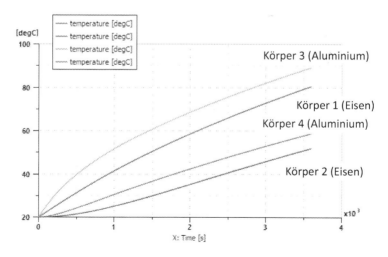

**Abb. 4.2**  mittlere Temperaturen im Inneren der Eisen- und Aluminiumblöcke

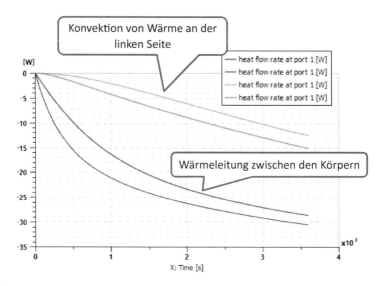

**Abb. 4.3** Wärmeleitung innerhalb der Körper und Konvektion an den Wänden

linken Seite eine Kühlung der beiden Körper durch *Konvektion* stattfindet. Bei der Konvektion wird die Wärme vom Metall an die Umgebungsluft abgegeben. Dabei spielt die Höhe der Luftgeschwindigkeit eine entscheidende Rolle.

Die Wärmeleitung zwischen den Körpern ist in der Einheit Watt [W] angegeben. Wir sehen, dass sowohl zwischen Aluminium als auch zwischen dem Eisen etwa 30 [W] an Wärme fließt. Die Konvektion, die an der linken Seite stattfindet liegt nach einer Stunde bei ca. 15 [W]. Beachten Sie, dass dies nur dann der Fall ist, wenn Luft mit einer Geschwindigkeit von 4 [m/s] an dem Kühlkörper vorbeiströmt.

Interessant ist auch die Abb. 4.4, sie zeigt wie die Wärme von dem Eisenkern hin zum Aluminiumkühlkörper geleitet wird. Wir gehen hier von einer recht guten Wärmeleitung aus. Schauen wir uns die Wärmeströme einmal in einem Diagramm an.

In der Nähe der 50 [W] Quelle an der rechten Seite wird mehr Wärme geleitet, als an der linken Seite, wo die Abkühlung durch die Luft stattfindet. Dieses kann damit erklärt werden, dass wir uns dort bereits auf einem niedrigeren Temperaturniveau befinden und nicht mehr so große Wärmemengen im Inneren des Materials gespeichert sind.

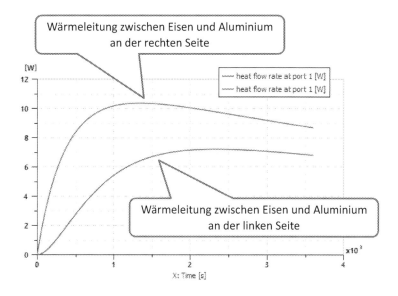

**Abb. 4.4** Wärmeleitung vom Eisenblock hin zum Aluminiumkühlkörper

Schauen wir uns nun noch ein paar Arbeitsvorschläge an, die wir mit diesem thermischen Zwilling untersuchen können.

## 4.1.4 Arbeitsvorschläge

Untersuchen Sie mit ihrem digitalen Zwilling für den Kühlkörper einmal die folgenden Arbeitsvorschläge:

- Ändern sie die Materialien und verwenden sie zum Beispiel Kupfer statt Aluminium. Wie ändern das die Temperaturen der Körper?
- Untersuchen sie was passiert, wenn sie die Massen der Eisenkörper von 5 auf 10 und 15 [kg] erhöhen.
- Setzen sie die Wärmequelle auf der rechten Seite von jeweils 50 [W] auf 100 und 150 [W]. Beobachten sie, was mit den Temperaturen der Metallkörper passiert.
- Versuchen sie den Eisenkörper weiter abzukühlen, indem sie die Luftgeschwindigkeit an der rechten Seite auf 20 [m/s] erhöhen.

• Schauen Sie sich einmal die Ergebnisausgabe bei der Konvektion an. Dort finden sie unterschiedliche Vergleichszahlen, wie die **Nusselt-Zahl** oder die **Reynolds-Zahl**. Wofür stehen diese Zahlen?

## 4.2 Standortwahl von Sonnenkollektoren

Wir wollen uns jetzt mit der Wärmeübertragung durch Strahlung beschäftigen. Bei einem Sonnen- oder Solarkollektor trifft die Strahlung der Sonne auf einen Kollektorkörper und heizt diesen auf. Durch anschließende Leitungs- und Konvektionsvorgänge kann diese Energie weiter verteilt werden. Entscheidend ist aber auch, wieviel Sonnenenergie an einem bestimmten Tag auf den Kollektor fällt und wo dieser sich befindet.

### 4.2.1 Simulationsmodell

Um den Sonnenkollektor in Abb. 4.5 zu planen ist es wichtig zu wissen, wo er

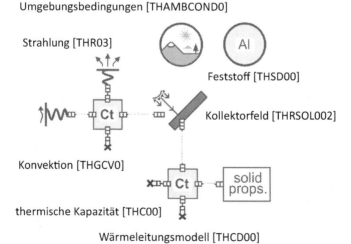

**Abb. 4.5** Digitaler Zwilling für einen Sonnenkollektor und die Wärmeleitung im angrenzenden Material

sich befindet. Der Standort spielt für die Funktion eine entscheidende Bedeutung. Bei einem Kollektor, der bei Johannesburg in Südafrika steht, liegt wesentlich mehr Solarenergie vor als bei einem Kollektor der sich in Paris oder Helsinki befindet.

Weiter ist es von entscheidender Bedeutung, um welche Uhrzeit die Sonnenstrahlung auf den Kollektor fällt. An den meisten Orten ist die Strahlung gegen Mittag am stärksten. In *Simcenter Amesim* ist es möglich diese Umgebungsbedingungen über ein eigenes Modell einzustellen. Damit wird es möglich, den Kollektor ganz genau für seine bestimmte Position auszulegen. Den Kollektor könnten wir auch aus einzelnen *Items* erstellen. Dieses ist aber nicht unbedingt notwendig. Es gibt bereits ein fertiges Modell das wir nutzen können.

Der Sonnenkollektor soll noch mit Elementen aus Aluminium verbunden werden, die den Aufbau und die Struktur der Kollektorhalterung und seine Wärmeübertrager symbolisieren sollen. Durch den Kontakt kann er seine Energie an diese Elemente abgeben und wird sie damit aufheizen.

## 4.2.2 Submodelle und Parameter

Bei der Simulation mit den Parametern aus Tab. 4.3 sollen alle Bauteile aus Aluminium gefertigt werden. Wir wollen auch für diese Simulation einen sehr langen Zeitraum von 30.000 [s] Simulationszeit wählen. Während dieser Zeit heizt sich der Kollektor langsam auf. Als Standort für unseren Zwilling Nummer zwei wählen wir Paris aus.

Entscheidend für die Aufnahme der Wärmemenge ist die Fläche des Kollektors und in welchem Winkel der Kollektor zum Horizont geneigt ist. Wir können zur Positionsangabe viele verschiedene Städte auf der ganzen Welt angeben. Es ist aber auch möglich, die GPS Koordinaten eines Standorts einzugeben. Damit wird es möglich Erträge zu berechnen, die ein Solarkollektorfeld erbringen kann. Die Simulationszeiten sind in der Tab. 4.4 angegeben.

## 4.2.3 Simulationsergebnisse

Wir haben ja schon beschrieben, dass es bei der Simulation von dem Sonnenkollektor von entscheidender Bedeutung ist, wo genau er steht und an welchem Tag die Untersuchung durchgeführt wird. Wir können mit dem Zwilling den genauen Sonnenverlauf gemäß Abb. 4.6 für jeden beliebigen Tag über dem Kollektor ermitteln.

**Tab. 4.3**  Parameter für das Simulationsmodell eines Sonnenkollektors in Paris

| Item | Parameter |
|---|---|
| **[THSD00]** | material definition = pure aluminium (Al) |
| **[THAMBCOND0]** | city name = Paris |
| | year = 2007 |
| | month = December |
| | day = 16 |
| | hour = 8 |
| | minute = 00 |
| **[THGCV0]** | inclination angle = 90 [degree] |
| | width = 100 [mm] |
| | length = 150 [mm] |
| | velocity of the fluid = 5 [m/s] |
| **[THC000]** | solid type index = 1 [-] |
| | mass of material = 50 [kg] und 20 [•kg] |
| **[THR03]** | equivalent emission factor wall/gas = 1 [] |
| | exchange area = 100 [m**2] |
| | temperature of the gas = 20 [degC] |
| **[THRSOL002]** | solar radiation setting mode = using ambient conditions |
| | exchange area = 1 [m**2] |
| | adsorption factor = 0,7 [] |
| | equivalent emission factor gas/surface = 0,9 [] |
| | surface inlination = 45 [] |

**Tab. 4.4**  Simulationszeit für das Simulationsmodell eines Sonnenkollektors

| Simulation settings | |
|---|---|
| | Start time = 0 [s] |
| | Final time = 30.000 [s] |
| | Print interval = 1 [s] |

Bei unserem Beispiel wurde der Vormittag des 16. Dezember 2007 betrachtet. Das sind, zusammen mit dem 24.06.2011, die besten Tage des Jahrhunderts bzw. Jahrtausends. An dem Vormittag dieses Tages hat die Sonnenstrahlung den Kollektor aufgeheizt und wir können, wie in Abb. 4.7 gezeigt, mit der dadurch

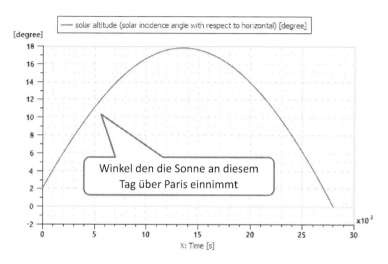

**Abb. 4.6**  Winkel mit dem die Sonne über dem Kollektor steht

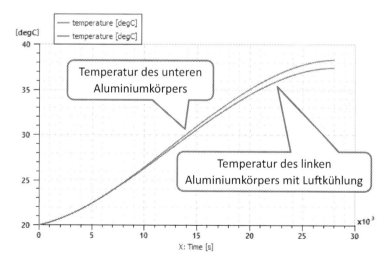

**Abb. 4.7**  Temperaturverlauf der Aluminium Bauteile des Kollektors

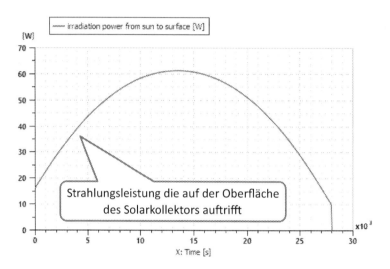

**Abb. 4.8** Strahlungsleistung die auf der Oberfläche des Kollektors auftrifft

aufgenommenen Energiemenge die Temperatur in den Bauteilen erhöhen. Wir sehen in Abb. 4.7 auch, dass eine Luftkühlung des linken Bauteils bei den niedrigen Luftgeschwindigkeiten keinen hohen Einfluss auf den Temperaturverlauf haben wird.

Die Strahlungsleistung, die vom Kollektor aufgenommen wird, kann jetzt in Abb. 4.8 genau bestimmt werden. Dabei fehlt leider die Aussage darüber, inwieweit die Energie durch Feuchte in der Atmosphäre unterdrückt worden ist *(Nebel, Wolken, Regen)*. Dichte Wolken und Regen in der Atmosphäre haben natürlich einen sehr großen Einfluss auf die Sonnenstrahlung.

### 4.2.4 Arbeitsvorschläge

Mit dem fertigen Sonnenkollektor können sie jetzt verschiedene Untersuchungen durchführen:

- Ändern sie einmal das Gewicht der linken Aluminiumhalterung auf die Hälfte ihres Wertes. Was passiert? Wie ändert sich die Temperatur, wenn sie die Windgeschwindigkeit von 5 auf 8 [m/s] erhöhen?

- Wie ändert sich der Energieeintrag für den Kollektor, wenn wir den Kollektor nach Johannesburg verlegen? Wählen Sie noch andere Städte aus.

- Überlegen sie sich einen Modellaufbau, bei dem sie mit dem Kollektor ein Medium wie Luft oder Wasser aufwärmen können.

# Der hydraulische Zwilling

**5**

Das Wort *Hydraulik* kommt vom altgriechischen Wort *hydro* für *Wasser* und *aulos* für Rohr und wir bezeichnen die Technik, bei der Flüssigkeiten transportiert oder zur Kraft- und Energieübertragung verwendet werden. Dabei geht es aber nicht nur um Wasser oder Öl. Es können auch andere Flüssigkeiten in einem System betrachtet werden.

Beim Transport der Flüssigkeiten spielt auch der sogenannte *Druckverlust* eine besondere Rolle. Jede Umlenkung, Kurve oder Armatur verursacht bei einer Rohrleitung einen Druckverlust, der in der Regel durch eine Pumpe überwunden werden muss. Sonst kann das Fluid nicht fließen.

Auch Anlagen zur Nutzung von Wärme- oder Bewegungsenergie können als hydraulische Systeme betrachtet werden, z. B. Heizungsanlagen oder Wasserkraftwerke. Wir verwenden zur Erstellung die **hydraulische Bibliothek.** Die **hydraulische Bibliothek** befindet sich ebenfalls auf der rechten Seite der Arbeitsfläche im *Library Tree.*

Auch die hydraulische Bibliothek von *Amesim* kann man mit den anderen Bibliotheken verbinden. Wenn beispielsweise die Strömung in einer Pumpe mit der **hydraulischen Bibliothek** abgebildet werden soll, dann kann man die Welle der Pumpe wieder mit der **mechanischen Bibliothek** beschreiben um deren Reibung zu berücksichtigen. Oder man kann das Pumpengehäuse mit der **thermischen Bibliothek** koppeln, um die Wärmeableitung am Gehäuse zu berechnen.

## 5.1 Zwei Heizöltanks und eine Pumpe

Bei dem hier gewählten Anwendungsbeispiel in Abb. 5.1 stellen wir uns zwei

F. U. Rückert und M. Sauer, *Die Erstellung eines digitalen Zwillings,* essentials, https://doi.org/10.1007/978-3-658-33407-9_5

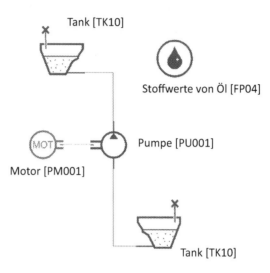

**Abb. 5.1**  Simulationsmodell für zwei Heizöltanks mit einer Pumpe

Heizöltanks vor, die durch eine Rohrleitung miteinander verbunden sind. Die
Modelle für die Tanks finden Sie in der **hydraulischen Bibliothek** von *Amesim*.
Diese Tanks verbinden sie durch eine Rohrleitung. An die Unterseite des einen
Tanks setzen sie eine Pumpe, mit der sie das Heizöl von dort in den zweiten Tank
pumpen können.

## 5.1.1  Simulationsmodell

Bei der Erstellung des Simulationsmodells gibt es eine wesentliche Schwierigkeit.
Um dem digitalen Zwilling beizubringen, ob ein Tank höher steht als der andere,
müssen sie die Steigung innerhalb der Rohrleitung definieren. Da dieses aber für
das aktuelle Beispiel erstmal zu komplex ist, wollen wir die Heizöltanks nur mit
ganz normalen Leitungen ohne Steigung verbinden. Die entstehenden Drücke in
den Rohrleitungen resultieren dann nur aus der Füllhöhe im Inneren der Tanks.
Wie man geneigte Rohrleitungen erstellt, zeigen wir im nächsten Kapitel.

Wenn alle Symbole verbunden sind, ist der Zwilling fertig. Jetzt müssen wir
etwas genauer hinschauen, die Submodelle definieren und die Parameter gemäß
Tab. 5.1 für unser Modell einstellen.

**Tab. 5.1** Parameter für das Simulationsmodell für zwei verbundene Heizöltanks

| Item | Parameter |
|---|---|
| [TK10] | index of hydraulic fluid = 0 |
| | initial height of liquid tank = 0,25 [m] |
| | tank area = 0.5 [m**2] |
| | minimum height alarm level = 0,1 [m] |
| | maximum height alarm level = 1,0 [m] |
| [PU001] | index of hydraulic fluid = 0 |
| | pump displacement = 100 [cc/rev] |
| | typical speed of pump = 1000 [rev/min] |
| [PM000] | shaft speed = 1500 [rev/min] |
| [FP04] | index of hydraulic fluid = 0 |
| | temperature = 40 [degC] |
| | density = 850 [kg/m**3] |
| | bulk modulus = 17.000 [bar] |
| | absolute viscosity = 51 cP |

## 5.1.2 Submodelle und Parameter

Beide Tanks sollen gleich groß sein und am Anfang der Simulation die gleiche Menge an Öl enthalten. Wir definieren die enthaltene Menge indem wir die Füllhöhe angeben. Es spielt bei dem Modell eine Rolle, ob wir die Anschlüsse an der Oberseite oder an der Unterseite des Tanks anbringen. Wir müssen auch definieren, welche Stoffeigenschaften das Heizöl besitzt. Bitte achten sie darauf, dass sich in jedem Tank das gleiche Fluid befindet.

Sie startet die Simulation gemäß Tab. 5.2 wieder bei 0 [s] und lassen sie bis zu einer Rechenzeit von 10 [s] laufen. Wenn der Fortschrittsbalken bis auf 100 % angestiegen ist, wurde die Simulation erfolgreich beendet.

**Tab. 5.2** Simulationszeit für das Simulationsmodell für zwei verbundene Heizöltanks

| Simulation settings | |
|---|---|
| Start time = 0 [s] | |
| Final time = 10 [s] | |
| Print interval = 0,01 [s] | |

Falls eine Simulation nicht erfolgreich durchläuft oder es sehr lange dauert bis ein Ergebnis erzeugt wird, gibt es die Möglichkeit die Simulationszeit kleiner zu machen. Hierdurch kann man besser überprüfen welcher mögliche Fehler im Simulationsmodell vorliegen. Meistens liegt es an nicht physikalischen Parametern.

► **Wichtig** Achten sie bei hydraulischen Zwillingen immer darauf, mit welchem Fluid sie rechnen, z. B.: Öl, Wasser, usw. Sie geben die Stoffwerte des Fluides im *Item* [FP04] an. Dort setzen sie auch den Index für die Flüssigkeit. Bei jeder Hydraulikkomponente muss nun wieder der entsprechende Index für das Fluid angegeben werden. Innerhalb von einem System sind mehrere, unterschiedliche Fluide möglich.

Wenn wir uns die Stoffwerte des Fluides in dem vorliegenden Versuch anschauen sehen wir, dass es sich aufgrund der geringen Dichte nicht um Wasser, sondern um ein Öl, z. B.: Hydrauliköl, Heizöl oder Dieselkraftstoff handeln muss. Hier wurde der *index of hydraulic fluid = 0* gewählt.

### 5.1.3  Simulationsergebnisse

Während der Simulation wurden alle wichtigen Größen gespeichert und wir wollen jetzt die interessanten und entscheidenden Größen auswerten. Die in der Abb. 5.2 dargestellte Füllhöhe in den beiden Tanks ist dabei das erste was wir betrachten und analysieren sollten.

Wir ziehen die Füllhöhe von dem oberen Tank und die Füllhöhe von dem unteren Tank in das gleiche Diagramm und können die Ergebnisse jetzt sehr gut vergleichen. Weil beide Tanks exakt gleich groß sind, hat die Füllhöhe in dem oberen Tank genau um die Ölmenge zugenommen um die sie in dem unteren Tank abgenommen hat.

Jetzt wollen wir die Auswirkung der Druckerhöhung hinter der Pumpe bewerten. Da die Füllhöhe in der Abb. 5.2 im oberen Tank immer weiter zunimmt, wächst auch der Druck in der Rohrleitung zwischen den Tanks. Wir müssen mit der Pumpe einen immer höheren Druck aufbringen, um das Heizöl in den zweiten Tank zu befördern. Wir haben aber bei unserem Modell in der Abb. 5.1 festgelegt, dass die Drehzahl der Pumpe konstant gehalten werden soll. Deshalb muss beim Pumpvorgang ein immer größeres Drehmoment am Pumpen Schaft auftreten. Dieses zu erwartende Ergebnis zeigt auch die Grafik in Abb. 5.3.

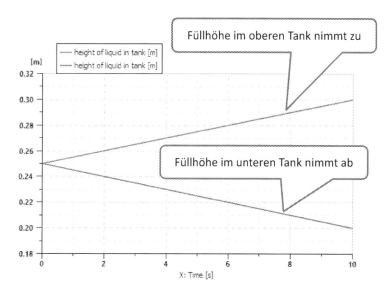

**Abb. 5.2**  Füllhöhe der verschiedene Öltanks als Ergebnis der Untersuchung

## 5.1.4   Arbeitsvorschläge

Wir wollen uns Arbeitsvorschläge anschauen, die wir mit dem digitalen Zwilling
von den zwei verbundenen Tanks untersuchen können:

- Was passiert mit der Simulation, wenn der untere Tank leergelaufen ist?
  Untersuchen sie bis zu welcher Zeit sie die Simulation laufen lassen können.
- Wie ändern sich die Simulationsergebnisse, wenn sie die Grundfläche des
  unteren Tanks von 0,5 $[m^2]$ auf den doppelten Wert von 1,0 $[m^2]$ erhöhen?
- Betreiben sie den Versuchsaufbau nicht mehr mit Heizöl, sondern mit Wasser.
  Was müssen sie ändern?
- Untersuchen sie was passiert, wenn die Pumpendrehzahl verdoppelt wird?

## 5.2   Wie funktioniert ein Wagenheber?

Genau wie im vorangegangenen Beispiel mit den zwei Tanks werden wir uns
auch jetzt wieder mit Flüssigkeiten beschäftigt. Wir wollen uns das Beispiel

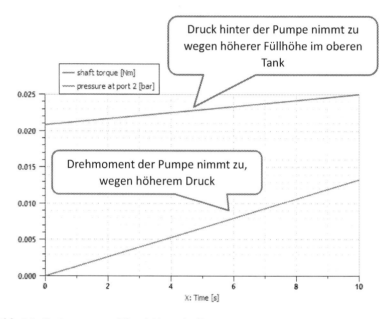

**Abb. 5.3**  Drehmoment und Druck hinter der Pumpe

eines Wagenhebers einmal genauer anschauen. Er besteht im Grunde aus einem
hydraulischen Kolben.

> **Wichtig** Die meisten Flüssigkeiten wie Wasser oder Öl haben im
> Gegensatz zu Gasen wie Luft die Eigenschaft, dass sie **inkompres-
> sibel** sind. Das bedeutet, man kann sie nicht zusammendrücken.
> Dichteänderungen sind deshalb in der Regel nicht sehr groß. Diese
> Eigenschaft kann man sich sehr gut bei Hebebühnen, Wagenhebern
> oder Baggerschaufeln zunutze machen. Volumen- und Massenströme
> sind fast immer konstant und lassen sich gut bilanzieren.

## 5.2.1  Simulationsmodell

Unser Simulationsmodell für den digitalen Zwilling des Wagenhebers in Abb. 5.4
besteht zunächst wieder aus einem *Item* für die Kraft. Diese Kraft wird mit einem

Sprungsignal gekoppelt. Sie wirkt dann auf das Modell eines sogenannten hydraulischen Kolbens [HJ000] (engl.: *hydraulic jack*). Ein solches Modell ist schon recht vollständig und komplex. Was genau für Gleichungen hinter dem Modell für einen hydraulischen Kolben stecken, entnehmen sie am besten der Hilfefunktion in *Amesim*. Dort sind die Gleichungen sehr gut dokumentiert und es werden Skizzen zum besseren Verständnis angeboten.

An der Unterseite des Kolbens ist über eine Drossel ein Druckspeicher angeschlossen. Der Druckspeicher ist in diesem Fall mit 0,5 [L] relativ klein. Im Inneren des Druckspeichers liegt ein Druck von 50 [bar] vor. An dem hydraulischen Kolben ist noch ein Überlauf für eine Leckage angeschlossen. Hierbei handelt es sich nicht nur um eine einfache Verbindung, sondern um eine richtige Leitung. Diese wird von *Amsim* automatisch erzeugt. Bei dieser Art von Leitung ist es von Bedeutung, ob die Flüssigkeit von oben nach unten fließen kann. Sie müssen deshalb eine Steigung angeben.

▶ **Wichtig** Bei Rohrleitungen für Flüssigkeiten spielt die Steigung eine große Rolle, da diese nur nach unten fließen können. Soll die Flüssigkeit nach oben fließen, brauchen wir einen zusätzlichen Druck, z. B. durch eine Pumpe. Deshalb müssen sie beim Erstellen der Rohrleitung darauf achten, wo der *Anfangspunkt* (1) und der *Endpunkt* (2) der Leitung liegt. Geben sie den Winkel an, den das Rohr zwischen dem Anfangspunkt und Endpunkt hat. Auch negative Winkel sind möglich.

## 5.2.2 Submodelle und Parameter

Geben Sie nun die Parameter entsprechend der Tab. 5.3 gewissenhaft ein. Die Werte müssen wieder im *Parameter Modus* bei dem Feld *Parameters* eingegeben werden. Achten sie auch darauf, dass sie den Index für das hydraulische Fluid richtig setzen.

Zur besseren Funktion des Wagenhebers soll zwischen dem Drucktank und dem hydraulischen Kolben noch eine zusätzliche Verengung angebracht werden, um den Durchfluss abzudrosseln und Druckschwingungen zu verringern. Auch hier stellen sie die Simulationszeit gemäß Tab. 5.4 wieder auf 10 [s] ein.

**Tab. 5.3**   Parameter für das Simulationsmodell des Wagenhebers

| Item | Parameter |
| --- | --- |
| [STEP0] | value after step = 100 [null] |
| | step time = 1 [s] |
| [HJ000] | index of hydraulic fluid = 0 |
| | piston diameter = 25 [mm] |
| | rod diameter = 12 [mm] |
| | length of stroke = 0.3 [mm] |
| | dead volume at port 1 end = 50 [cm**3] |
| | total mass being moved = 250 [kg] |
| | angle rod makes with horizontal = 90 [degree] |
| [HYDROF0] | index of hydraulic fluid = 0 [] |
| | number of parallel orifices = 1 [] |
| | orifice geometry = circular [] |
| | diameter = 2 [mm] |
| [TK000] | tank pressure = 0 [bar] |
| [THR03] | equivalent emission factor wall/gas = 1 [] |
| | exchange area = 100 [m**2] |
| | temperature of the gas = 20 [degC] |
| [HA001] | pressure at port 1 = 40 [bar] |
| | index of hydraulic fluid = 0 [] |
| | adiabatic initialization = 1 [] |
| | gas precharge pressure = 40 [bar] |
| | accumulator volume = 0.5 [L] |
| | polytropic index = 1.4 [null] |

**Tab. 5.4**   Simulationszeit für das Simulationsmodell eines hydraulischen Wagenhebers

| Simulation settings | |
| --- | --- |
| | Start time = 0 [s] |
| | Final time = 10 [s] |
| | Print interval = 0,01 [s] |

## 5.2.3  Simulationsergebnisse

Die Simulation läuft entsprechend der Vorgabe aus Tab. 5.4 genau 10 [s] lang. Nach der ersten Sekunde wird der Wagenheber von oben mit einer Kraft von 100 [N] nach unten gedrückt. Wie man in Abb. 5.5 sieht, geschieht dieses sprungartig. Das Signal erfolgt innerhalb eines sehr kurzen Zeitfensters. Das Hydrauliköl kann aufgrund seiner Viskosität nicht so schnell darauf reagieren. Dieses macht sich in einer Schwingung des Öldruckes bemerkbar.

Wir sehen in der Abb. 5.6, dass der Kolben zwar dem Kraftsignal entsprechend nach unten bewegt wird. Er reagiert durch die Dämpfung des Ölvolumens im Inneren des Kolbens aber mit einer Schwingung am Ende der Krafteinwirkung. Die Schwingung setzt sich über die Rohrleitung fort. Die Bauteile „*telefonieren*" miteinander.

Im Druckspeicher können wir einen Anstieg des Druckes von 50 auf über 52 [bar] verzeichnen. Bei Nachlassen der Kraft kann der Kolben den Druck aus dem Speichertank dann auch wieder freisetzen. Wir sehen aber in Abb. 5.7 trotz Drossel auch eine deutliche Druckschwingung im Speicher.

Mit dem digitalen Zwilling des Wagenhebers aus der Abb. 5.4 können wir

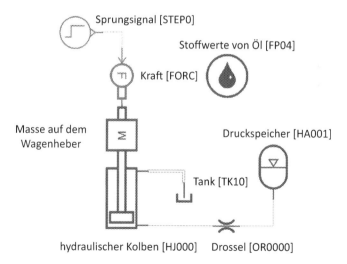

**Abb. 5.4**  Digitaler Zwilling für einen hydraulischen Wagenheber

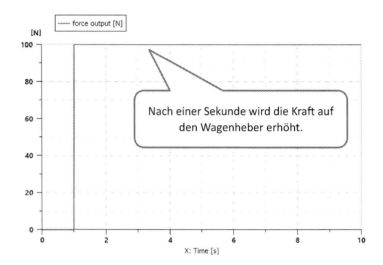

**Abb. 5.5**  Kraft auf den Wagenheber – nach einer Sekunde wird die Kraft von 0 auf 100 [N] erhöht

nun einige Experimente durchführen. Folgende Arbeitsvorschläge können wir für diesen hydraulischen, digitalen Zwilling selbstständig untersuchen.

## 5.2.4  Arbeitsvorschläge

Was können wir an unserem Modell für den Wagenheben testen? Untersuchen sie die folgenden Punkte:

- Wie ändern sich die Ergebnisse, wenn die bewegte Masse größer oder kleiner wird? Sagen wir 150 oder 500 [kg].
- Was passiert, wenn wir den Druckspeicher vergrößern? Ändern sie ihn einmal auf 50 [L]. Wie wirkt sich dies auf die Druckschwingung aus?
- Wie ändert sich die Druckschwingung, wenn sie den Drosselquerschnitt vergrößern oder verkleinern?
- Ändern sie einmal die Stoffwerte des Hydrauliköls. Was würde passieren, wenn sie den Wagenheber mit Wasser betreiben würden? Macht dies technisch Sinn?

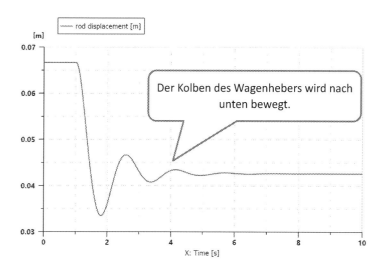

**Abb. 5.6** Bewegung des hydraulische Kolbens im Wagenheber

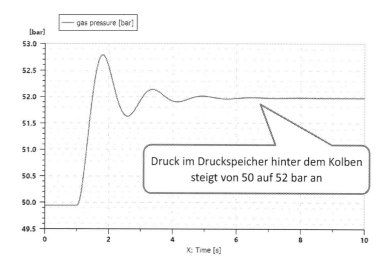

**Abb. 5.7** Druckschwingung – Druck im Druckspeicher nimmt von 50 auf 52 [bar] zu

# Der pneumatische Zwilling

6

Nachdem wir in den vorangegangenen Kapiteln verschiedene Zwillinge zu **mechanischen, thermischen** und **hydraulischen Problemen** erstellt haben, können wir zum Abschluss in Kombination mit der **pneumatischen Bibliothek** jetzt bereits hoch komplexe, physikalische Gesamtmodell aus allen vier Bereichen erstellen und untersuchen.

Das Wort *Pneumatik* kommt vom altgriechischen *pneuma* und bedeutet so viel wie *Hauch* oder *Wind*. Bei der Erstellung des digitalen Zwillings beschäftigen wir uns damit, wie man Gase in Leitungssystemen transportieren kann.

Bei dem Einsatz der **pneumatischen Bibliothek** sollten sie beachten, dass Gase in der Regel *kompressibel* sind. Das kann zu einem höheren Rechenaufwand und einer schlechteren Konvergenz des mathematischen Gleichungssystems führen, als bei *inkompressiblen* Problemen. Auch komplizierte Phänomene wie Wirbel oder Turbulenz lassen sich nur schwer berechnen. Zur Modellierung der Turbulenz sollte man ein anderes Simulationstool wie zum Beispiel ANSYS CFX oder ANSYS Fluent[1] verwenden.

> ▶ **Wichtig** Gasen wie etwa Luft haben bei den gängigen Umgebungsbedingungen die Eigenschaft, dass sie *kompressibel* sind. Das bedeutet, man kann sie zusammendrücken. Vereinfacht kann man sagen, die Gase gehorchen dem idealen Gasgesetzt. Dichteänderungen können bei Gasen sehr groß sein. Auch die mathematischen Modelle und Lösungsmethoden sind bei *kompressiblen* Medien in der Regel aufwendiger als bei *inkompressiblen* Fluiden. Massenströme sind

---

[1] *siehe:* https://www.ansys.com.

© Der/die Autor(en), exklusiv lizenziert durch Springer Fachmedien Wiesbaden GmbH, ein Teil von Springer Nature 2021
F. U. Rückert und M. Sauer, *Die Erstellung eines digitalen Zwillings,* essentials, https://doi.org/10.1007/978-3-658-33407-9_6

auch hier konstant, aber Volumenströme müssen nicht immer konstant sein. Deshalb sind bei Gasen oft nicht die gleichen technischen Anwendungen wie bei Flüssigkeiten möglich.

Wir starten mit dem digitalen Zwilling für das Sicherheitsventil von einem Biogastank. Danach erstellen wir einen Zwilling für die Lüftungsanlage eines Gebäudes.

## 6.1    Das Sicherheitsventil für einen Biogastank

Biogas besteht zu einem Großteil aus einer Mischung von Methan- und Propangas mit geringen Luftanteilen. Wir wollen dieses Biogas hier vereinfacht nur als Methangas betrachten. Über eine Rohrleitung von 10 [m] soll das Gas in einen Tank mit einem Volumen von 10 [L] geleitet werden.

In der Regel ist dieses problemlos möglich, zur Verhinderung von Überdrücken am Tank und in der Rohrleitung wird ein zusätzliches *Sicherheitsventil* angebracht. Dieses Sicherheitsventil soll verhindern, dass die Wand des Tanks oder der Rohrleitung platzen kann, wenn der Druck im Inneren zu hoch wird. Mit einer Feder ist das Ventil gegen die Umgebung abgedichtet. Falls der Gasdruck in der Leitung über einen bestimmten Wert ansteigt, öffnet sich das Ventil und entlässt eine bestimmte Menge des Gases in die Umgebung.

### 6.1.1    Simulationsmodell

Wir wollen uns ein Simulationsmodell wie in der Abb. 6.1 erstellen. Bei dem wird über eine Rohrleitung Methan in den Biogastank eingeleitet. Hierbei soll vermieten werden, dass der Druck im Tank über 3 [bar] ansteigt. Vor dem Tank wird ein Sicherheitsventil angebracht um ihn zu schützen.

Der Biogastank soll dabei ein Volumen von 10 [L] haben. Sobald der Druck über einen Wert von 1,8 [bar] ansteigt, öffnet sich das Ventil. Alle weiteren Parameter sind in Tab. 6.1 angegeben.

### 6.1.2    Submodelle und Parameter

Die Simulationszeiten für den Biogastank sind in der Tab. 6.2 angegeben.

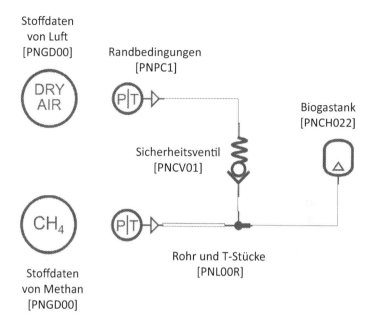

**Abb. 6.1**   pneumatisches Simulationsmodell für das Sicherheitsventil eines Biogastanks

### 6.1.3   Simulationsergebnisse

Bei den Simulationsergebnissen in Abb. 6.2 sind jetzt zwei Verläufe in dem Diagramm dargestellt. Zum einen der Druck vor dem Tank und auf der anderen Seite der Massenstrom von dem Methangas das durch das Sicherheitsventil entweichen kann.

Nach erfolgreicher Simulation klickt man auf die Ergebnisgröße um Simulationsergebnisse in einem Diagramm in der Abb. 6.2 zeichnen und abbilden zu können.

### 6.1.4   Arbeitsvorschläge

Wir schauen uns ein paar Arbeitsvorschläge an, die wir mit unserem Zwilling untersuchen können: Hierzu sollten sie die entsprechenden Modellparameter im Simulationsmodell suchen und abändern.

**Tab. 6.1**  Parameter für das Simulationsmodell Biogastank und Sicherheitsventil

| Item | Parameter |
| --- | --- |
| **[PNGD00]** | gas type index = 1 [] |
| | fluid definition = air |
| **[PNCS001]** | temperature at port 1 = 293.15 [K] |
| | pressure at port 1 = 1 [barA] |
| **[PNGD00]** | gas type index = 2 [] |
| | fluid definition = methane (CH4) |
| **[PNCS001]** | temperature at port 1 = 293.15 [K] |
| | pressure at port 1 = 3 [barA] |
| **[PNCV001]** | gas type index = 1 [] |
| | orifice area = 5 [mm**2] |
| | check valve cracking pressure = 1.8 [bar] |
| | hysteresis for opening/closing = 0 [bar] |
| **[PNCH022]** | temperature at port 1 = 293.15 [K] |
| | pressure at port 1 = 1.013 [barA] |
| | gas type index = 2 [] |
| | volume = 10 [L] |
| | thermal exchange coefficient = 500 [J/m**2/K/s] |
| | thermal exchange area = 0.1 [m**2] |
| | exchange temperature = 293.15 [K] |
| **[PNL000R]** | gas type index = 2 [] |
| | diameter of pipe = 10 [mm] |
| | relative roughness = 1e-05 [null] |
| | pipe length = 10 [m] |

**Tab. 6.2**  Simulationszeit für das Simulationsmodell Biogastank und Sicherheitsventil

| Simulation settings | |
| --- | --- |
| | Start time = 0 [s] |
| | Final time = 10 [s] |
| | Print interval = 0.1 [s] |

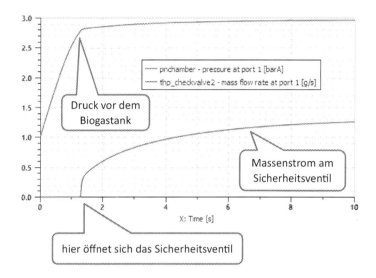

**Abb. 6.2** Druck im Biogastank – Massenstrom des Gases über das Sicherheitsventil

- Verändern sie den Druck des Methangases am Einlass. Beobachten sie, was dies bewirken kann.
- Ändern sie das Volumen des Tanks. Vergrößern und verkleinern sie das Volumen und beobachten sie, wie sich das auf den Druckverlauf im Tank auswirkt.
- Ändern sie das Öffnungsverhalten des Sicherheitsventils indem sie den Druck verkleinern, bei dem das Ventil geöffnet wird. Was passiert mit dem Druck im Tank?
- Wie ändern sich die Ergebnisse, wenn sie als Biogas Propan statt Methan einsetzen? Was ändert sich wenn sie mit Luft rechnen?

## 6.2 Auslegung der Lüftungsanlage für ein Gebäude

Die Auslegung der Lüftungsanlage für ein Gebäude ist nicht so trivial, wie es zunächst scheint. Im Vergleich zu einem System aus Wasserrohren begegnen wir ihnen aber relativ häufig. In großen Kaufhäusern oder Möbelgeschäften kann man sie an der Decke sehen.

Auch wenn bei Luftströmungen nur geringe Druckunterschiede im Vergleich zu Flüssigkeitsströmungen herrschen, so können doch schon Differenzen von ein paar *Pascal* [Pa] zu hohen Geschwindigkeitsgradienten führen. Wer Lüftungsrohre schon einmal mit Kennerblick beobachtete, hat vielleicht bemerkt, dass die Rohre am Anfang noch einen größeren Durchmesser haben. Am Ende, wo die Luft aus den Lüftungsschlitzen austritt, werden die Rohre immer dünner. Dies liegt dran, dass man am Anfang noch sehr hohe Volumenströme hat, diese aber mit jeder zusätzlichen Verzweigung der Rohrleitung abnehmen.

Außerdem soll auf einen weiteren Unterschied im Vergleich zur Flüssigkeiten hingewiesen werden. Bei Gasströmungen handelt es sich in der Regel um *kompressible Strömungen*. Gase können während der Bewegung oder in Ruhe zusammengedrückt werden. Sie verringern dadurch ihr Volumen aber erhöhen ihre Dichte. Dieser Zusammenhang muss während der Berechnung berücksichtigt werden.

## 6.2.1  Simulationsmodell

Wir wollen uns ein Simulationsmodell für ein Gebäude erstellen, bei dem wir von einem Hauptrohr Luft in ein Belüftungssystem einleiten und dann auf weitere Rohre aufteilen. Durch die Rohrverzweigungen und unterschiedlichen Längen ergeben sich verschiedene Druckverluste.

Vom Druckverlust in einem Rohr hängt wiederum der Volumenstrom in den anderen Bereichen des Rohrleitungsnetzes ab. Das ganze Modell wird in der Abb. 6.3 gezeigt. Die Parameter und Submodell sind in der Tab. 6.3 aufgelistet. Die Simulationszeit ist in der Tab. 6.4 angegeben.

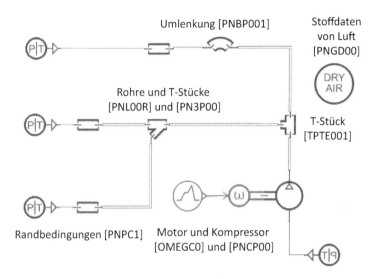

Umlenkung [PNBP001]    Stoffdaten von Luft [PNGD00]

Rohre und T-Stücke [PNL00R] und [PN3P00]

DRY AIR

T-Stück [TPTE001]

Randbedingungen [PNPC1]    Motor und Kompressor [OMEGC0] und [PNCP00]

**Abb. 6.3**  pneumatisches Simulationsmodell einer Lüftungsanlage

## 6.2.2 Submodelle und Parameter

## 6.2.3 Simulationsergebnisse

Um den Luftstrom zu erzeugen, verwenden wir einen Kompressor. Eigentlich sollte hierfür ein Gebläse eingesetzt werden. Die Modellierung eines Gebläses in *Amesim* ist aber recht komplex und nur durch zusätzliche Wirkungsgradtabellen durchführbar. Deshalb wollen wir bei dem Modell in Abb. 6.3 darauf verzichten. Der Kompressor wird durch einen Motor angetrieben. Es sollen verschiedene Drehzahlen untersucht werden.

In Abb. 6.4 schauen wir uns die Massenströme der Luft am Ende der drei Verzweigungen des Lüftungssystems an. In jedem Rohr herrscht ein anderer Massenstrom. Je nach Länge und Durchmesser der Rohre, aber auch aufgrund von Umlenkungen, entstehen unterschiedliche Druckverlust. Das Verhalten des Leitungssystems wird hierdurch nochmal komplizierter.

Sie sehen in Abb. 6.5 die Luftverteilung an den drei Ausgängen des Rohrleitungssystems. Interpretieren sie, was dieses für das Lüftungssystem bedeutet. Ist es erwünscht, das starke Ungleichverteilung der Luftströme vorliegt? Wie wirkt

**Tab. 6.3**  Parameter für das Simulationsmodell einer Lüftungsanlage

| Item | Parameter |
| --- | --- |
| **[PNGD00]** | gas type index = 1 [] |
| | fluid definition = air |
| **[PNCS001]** | temperature at port 1 = 293.15 [K] |
| | pressure at port 1 = 1.013 [barA] |
| **[PNCP00]** | gas type index = 1 [] |
| | compressor displacement = 1000 [cc/rev] |
| | polytropic constant = 1.35 [null] |
| **[PNPC1]** | gas type index = 1 [] |
| | diameter of pipe = 8 [cm] oder 15 [cm] |
| | pipe length = 5 [m] |
| | relative roughness = 1e-05 [null] |
| **[PNBP001]** | gas type index = 1 [] |
| | hydraulic diameter = 8 [cm] |
| | curvature radius = 10 [cm] |
| | center angle = 60 [degree] |
| | relative roughness = 1e-05 [null] |
| **[TPTE001]** | gas type index = 1 [] |
| | diameter at port 1 = 15 [cm] |
| | diameter at ports 2 and 3 = 20 [cm] |
| | friction factor in the main branch = 0.1 [null] |
| | friction factor side branch = 1.2 [null] |
| **[PN3P000]** | gas type index = 1 [] |
| | pressure drop coefficients = Idelchik |
| | side branch diameter (port 1) = 15 [cm] |
| | straight passage diameter (port 2 and 3) = 15 [cm] |
| | angle between side branch and straight passage = 90 [degree] |
| | critical Reynolds number = 5000 [null] |
| | time constant = 1e-06 [s] |
| | transition accuracy = 0.9 [null] |
| **[PNL0000]** | gas type index = 1 [] |

(Fortsetzung)

**Tab. 6.3**  (Fortsetzung)

| Item | Parameter |
| --- | --- |
| | model = polytropic |
| | diameter of pipe = 10 [cm], 15 [cm] und 20 [cm] |
| | pipe length = 1 [m], 2 [m], 3 [m] und 20 [m] |
| | polytropic constant = 1.35 [null] |

**Tab. 6.4**  Simulationszeit für das Simulationsmodell einer Lüftungsanlage

| Simulation settings | |
| --- | --- |
| | Start time = 0 [s] |
| | Final time = 10 [s] |
| | Print interval = 0.1 [s] |

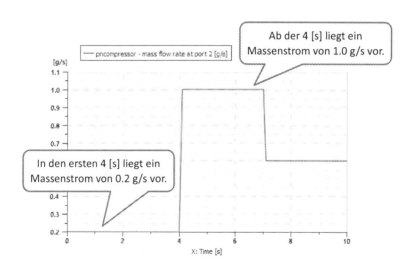

**Abb. 6.4**  Massenstrom der Luft am Kompressors bei verschiedenen Drehzahlen

sich dies auf das Raumklima im Inneren des Gebäudes aus? Bearbeiten sie auch noch die nachfolgenden Arbeitsvorschläge.

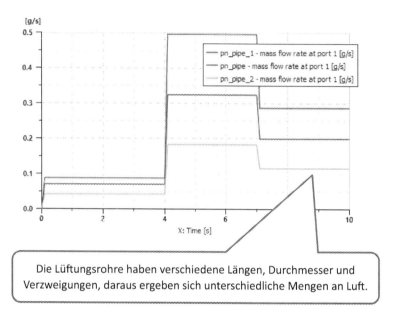

Die Lüftungsrohre haben verschiedene Längen, Durchmesser und Verzweigungen, daraus ergeben sich unterschiedliche Mengen an Luft.

**Abb. 6.5** Massenstrom der Luft an allen drei Ausgängen der Lüftungsanlage

## 6.2.4 Arbeitsvorschläge

Wir wollen unterschiedliche Arbeitsvorschläge betrachten. Führen sie diese mit dem digitalen Zwilling der Lüftungsanlage durch:

• Versuchen sie die Drehzahlverteilung an dem Kompressor zu ändern. Wie wirkt sich das auf die Luftströmung aus?
• Bleibt die Luftverteilung gleich, wenn sie die Drehzahl des Kompressors weiter erhöhen?
• Untersuchen Sie, wie sich die Luftaufteilung ändert, wenn sie einzelne Rohrleitungen dünner machen.
• Jedes der Lüftungsrohre soll mit einem Schieberegler versehen sein. Man kann ihn öffnen und schließen. Durch Schieberegler ergeben sich an den Austritten geänderte Druckverluste, von denen wiederum der Volumenstrom abhängt. Wie können sie eine gleichmäßige Luftverteilung erzeugen.
• Erzeugen sie weitere Strömungskanäle und versuchen sie diese so abzustimmen, dass die Luft an den Austritten möglichst gleich verteilt ist.

# Fazit 7

Wir freuen uns, Ihnen dieses attraktive, kurze Buch zur Erstellung von digitalen Zwillingen an die Hand geben zu können. Es soll ihnen bei ihrer ersten Arbeit an den Zwillingen helfen zu erlernen, wie man ein Modell aufbaut und welche Fragestellungen wichtig sind.

© Der/die Autor(en), exklusiv lizenziert durch Springer Fachmedien Wiesbaden GmbH, ein Teil von Springer Nature 2021
F. U. Rückert und M. Sauer, *Die Erstellung eines digitalen Zwillings,* essentials, https://doi.org/10.1007/978-3-658-33407-9_7

# Haftungsausschluss 8

Die in diesem Buch enthaltenen Informationen wurden ausschließlich aus persönlichen Erfahrungen gewonnen. Die bereitgestellten Informationen sind möglicherweise nicht korrekt, vollständig oder genau. Die Autoren übernehmen keine Verantwortung für Verluste oder sonstiger damit verbunden Haftung und erheben keinen Anspruch auf Richtigkeit der in diesem Buch enthaltenen Informationen, die sich aus der Nutzung in irgendeiner Weise ergeben, sowie die Verletzung von Patentrechten, die daraus resultieren können.

Ebenso wenig übernehmen die Autoren und der Verlag die Gewähr dafür, dass die beschriebenen Verfahren und Software Tools frei von Schutzrechten Dritter sind. *Simcenter Amesim®* ist ein eingetragenes Warenzeichen von *Siemens Industry Software NV.* Die Wiedergabe von Gebrauchsnamen, Handelsnamen, Warenbezeichnungen usw. in diesem Werk berechtigen auch ohne besondere Kennzeichnung nicht zu der Annahme, dass solche Namen im Sinne der Warenzeichen- Markenschutz-Gesetzgebung als frei zu betrachten sind oder wären. Nähere Informationen sind auf der Homepage von *Siemens PLM Software* enthalten.

# Was Sie aus diesem *essential* mitnehmen können

- Sicher haben sie bemerkt, dass wir in diesem *essential* versucht haben, am Anfang in das Programm einzuführen und im späteren Verlauf die Beispiele nur noch kurz vorzustellen. Wir wollen nicht versuchen, alle Beispiele vollständig zu dokumentieren, sondern vielmehr zum eigenen Erstellen von *digitalen Zwillingen* anregen.
- Unser Ziel ist, dass der Leser Lust bekommt, selbst digitale Zwillingen von technischen Apparaten und Maschinen zu erstellen. Hierbei soll der Blick für das Wesentliche geschult werden. Man fängt mit einfachen Modellvorstellung und grob abgeschätzten *Volumen, Strecken, Kräften* oder *Gewichten* an. Im Verlauf der Arbeit geht man dann immer weiter ins Detail.
- Der geneigte Leser, Studierende, Ingenieur oder Konstrukteur soll möglichst schon bevor er mit der aufwendigen Arbeit des Entwerfens und Konstruierens an gängigen CAD Tools beginnt, erste detaillierte, quantitative Abschätzungen und Vorausberechnungen für sein neues Produkt erstellen und testen können. Weiter kann der Simulationsingenieur mit dem Zwilling Randbedingungen für komplexere Simulationen suchen.
- Digitale Zwillinge sind vielleicht ein neues Phänomen. Zeichnungen, Skizzen sowie mathematische und physikalische Gleichungen werden aber schon seit einer sehr viel längeren Zeit für technische Produkte im Vorfeld einer Konstruktion erstellt. Wir hoffen, dass wir mit dem vorliegenden Buch dazu beitragen konnten, dieses *Vorausberechnen* aus dem technischen Umfeld auf andere Problemstellungen zu übertragen. In vielen weiteren Bereichen des täglichen Lebens kann eine vorausschauende Planung sinnvoll sein.

Printed in the United States
by Baker & Taylor Publisher Services